专注

冯化太◎编著

中国商业出版社

图书在版编目（CIP）数据

专注 / 冯化太编著. -- 北京：中国商业出版社，2019.8
ISBN 978-7-5208-0831-6

Ⅰ. ①专… Ⅱ. ①冯… Ⅲ. ①注意－能力培养 Ⅳ. ① B842.3

中国版本图书馆 CIP 数据核字（2019）第 142353 号

责任编辑：常 松

中国商业出版社出版发行
010-63180647　www.c-cbook.com
（100053　北京广安门内报国寺 1 号）
新华书店经销
山东汇文印务有限公司印刷

*

710 毫米 ×1000 毫米　16 开　13 印张　160 千字
2020 年 1 月第 1 版　2020 年 1 月第 1 次印刷
定价：48.00 元

* * * *

（如有印装质量问题可更换）

前　言

专注是指集中全部精力坚持不懈、全神贯注地去完成一件事。一个人专心于某一事物或活动时的心理状态又称专注力，或称注意力。很多成功人士就是因为有这种专注能力和锲而不舍的精神，最终才走向成功之路。

现代企业的员工更需要专注精神。如果一个企业的员工时刻想着企业的利益，时刻专注于工作中的每一件事，心无旁骛地完成自己锁定的目标，那么，还有什么任务不能完成，什么目标不能实现呢？专注是一种可贵的品质，一个专注的人，常常能够把自己的时间、精力和智慧凝聚到所要干的事情上来，最大限度地发挥积极性、主动性和创造性，从而出色地完成自己的工作目标。

然而，在互联网时代，五光十色、眼花缭乱的资讯改变了人们的观念，太多的诱惑、太多的欲望渐渐使专注成了一种稀缺能力。无数的年轻人急功近利，他们不想着专注地去干一件事，而是天天想着一夜暴富，实现不了目标，就频繁地跳槽，明明干得好好的一份工作，由于薪金达不到自己的要求，就立即去找一份新的工作。

如今的企业，工作是否专注，已成为衡量员工职业水平的标准之一。在工作中能够做到专注，全身心地投入，才是每个员工最基本、最重要的素质。而前面提到的工作不认真、做事不专注的员工是难以被企业赋予重任，也是难以干出成绩的。

专注的实质是认真，认真则是成功最重要的特质。干任何事情，如果不认真，便会有危机产生。所以，薪金不高，不是说某人的工作能力不行，而是说他的业绩不够好，态度不够专注，没有全心全意地付出自己的精力。

因此，专注精神是我们必须具备的职业精神，是现代企业员工必须具备的品质。只要每个人都专注于自己的工作，尽职尽责、爱岗敬业、踏实肯干，我们的薪金就一定会提高，我们的目标也一定能够实现。

据调查表明，企业员工的专注精神是决定现代企业发展的重要因素。如今的市场竞争早已转移到对人才的竞争，而人才的竞争又是企业员工职业精神的竞争。管理者专注企业的发展目标，职员专注执行决策的目标，这会给企业注入无穷的生命力和竞争力。这就是专注彰显的无形效益。

所以，当我们认识到专注是我们的财富后，就要守护及利用好它，并将其用来提升自己和企业的竞争力，为企业的发展创造更多的条件。但是，培养专注力并非易事，它不仅需要我们有非凡的毅力，专一的心志，还需进行各种训练才能达到预定的效果。

为了使企业职工培养专注精神，提升专注能力，我们特地编写了本书。本书通过对企业职工专注精神的分析、专注精神的培养、专注习惯的养成，以及对企业效率、环境、前景等专题的研究探讨，以通俗的语言、朴实的道理、经典的事例，详细具体地分析了现代企业培养专注员工的方法和措施。相信通过阅读本书，无论是大企业或是小企业，一定会有专注精神的注入，从而迈向更高的台阶。

目 录

第一章 你具有专注精神吗

现代企业需要员工的专注精神 ·················· 002

要警惕现代职场跳槽的浮躁之风 ················ 005

缺乏专注使企业涣散疲软 ···················· 009

专注是员工与企业之间的纽带 ················· 011

员工专注是企业发展的动力 ··················· 015

专注精神的核心是敬业 ····················· 016

专注是优秀员工的绝对标准 ··················· 018

锦绣职业前程从专注开始 ···················· 020

专注的员工赢得上司的信任 ··················· 022

专注的员工会成为公司的重要成员 ··············· 024

专注使员工具有职场竞争力 ··················· 026

专注意味着专业技能不断提高 ················· 028

优秀员工必须树立专注精神 ··················· 031

第二章 你的专注精神怎么样

专注的员工具备勤奋的职业道德 ················ 034

专注的员工具有崇高的责任感 ················· 038

专注的员工对工作充满信心 ……………………………040

专注的员工能从平凡中创造伟大 …………………044

专注的员工对公司都非常忠诚 ……………………047

专注的员工绝不寻找借口 …………………………050

专注的员工善于利用自身优势 ……………………052

专注的员工善于控制情绪 …………………………055

专注的员工善于自制 ………………………………057

专注的员工勇于创新 ………………………………059

专注的员工会永远热情地工作 ……………………062

专注的员工注重执行力 ……………………………065

第三章　如何树立专注精神

与企业的命运连在一起 ……………………………068

要有企业主人翁的精神 ……………………………071

追求尽善尽美的工作业绩 …………………………073

多一点儿耐性 ………………………………………075

千万注意服从第一 …………………………………077

说做就做，立即行动 ………………………………080

从细节中寻找专注的起点 …………………………081

尊重你的工作 ………………………………………083

将眼前利益与长远利益相结合 ……………………085

专注离不开毫不动摇的目标 ………………………087

干一行，爱一行 ……………………………………089

专心工作，自动自发 ………………………………091

做企业需要实用技能型人才 …………………………………094

第四章　什么在影响你的专注精神

　　摆正自己的位置 ……………………………………………100

　　不要把自己关入想象的牢笼 …………………………………102

　　不要看不起自己的工作 ………………………………………104

　　正确看待薪酬差异 ……………………………………………106

　　不要在公司拉帮结派 …………………………………………109

　　浮躁是专注的大敌 ……………………………………………110

　　不要认为重任是"苦差事" …………………………………112

　　不要与老板有对立情绪 ………………………………………114

　　不要总是抱怨工作 ……………………………………………116

　　别被恐惧所统治 ………………………………………………118

　　不要大事干不了，小事不愿干 ………………………………121

　　不要总是说"我做不到" ……………………………………124

　　改掉马虎轻率的毛病 …………………………………………125

　　不要总是觉得工作无聊 ………………………………………127

第五章　如何凭借专注创造高效率

　　在专注中培养高效创新能力 …………………………………130

　　在专注中进行细节突破 ………………………………………136

　　在专注中找到高效的工作方法 ………………………………137

　　在专注中充分发挥内在潜力 …………………………………141

　　在专注中创造学习的方法 ……………………………………142

　　在专注中做高效的技能型员工 ………………………………148

在专注中做高效竞争的员工 …………………………………154
在专注中培养高效工作的精神 ………………………………158
只有专注才能做到坚持不懈 …………………………………161
在专注中树立高效的时间观念 ………………………………164
在专注中创造高效的业绩 ……………………………………165

第六章 怎样营造专注的职场环境

对公司要有高度的认同感 ……………………………………172
读懂老板对你的期望 …………………………………………174
让老板看到你的成绩 …………………………………………175
少说闲话，多做实事 …………………………………………177
凭借沟通形成团队精神 ………………………………………178
凭借协作发挥团队力量 ………………………………………181
妥善处理同事间的关系 ………………………………………183
树立良好的职业心态 …………………………………………184

第七章 如何以专注打造职场前景

专注能让你获得更多机会 ……………………………………188
专注能带来正确的做事方法 …………………………………190
专注还须打破常规进行创新 …………………………………192
专注还须不断地充电 …………………………………………193
专注还须以专业制胜 …………………………………………195
专注还须认真规划职业生涯 …………………………………197
让专注贯穿整个职业生涯 ……………………………………198

第一章　你具有专注精神吗

一个专注的人，往往能够把自己的时间、精力和智慧凝聚到所要干的事情上，从而最大限度地发挥积极性、主动性和创造性，努力实现自己的目标。特别是在遇到诱惑、遭受挫折的时候，他们能够不为所动、勇往直前，直到最后成功。

现代企业需要员工的专注精神

在当今竞争激烈的市场中，怎样才能使企业始终立于不败之地呢？是战略决策？不是；是大量财力、人力的投入？也不是。所有的角逐者大都非常清楚，他们很难在这些因素上有着非常突出的优势。

有关调查显示，员工的专注精神是决定现代企业发展的核心因素。今天，市场的竞争已开始转移到对企业人才的竞争，其核心是企业员工职业精神的竞争。管理者专注于企业的发展目标，职员专注于执行决策的目标，会给企业注入无穷的生命力和竞争力，以使企业具有竞争的核心力和发展的相向力。这就是专注的魅力。

现代企业许多工作都需要有专注精神的人员来操作，特别是有关业务关系、科研项目、企业机密、核心技术等，更需要具有非常专注精神的人员来把握，否则就会人财两空，造成难以弥补的损失。

因此，一些著名企业的管理者认为，只要员工专注于一件简单的工作就可以塑造优秀，专注于一件平凡的工作就可以塑造卓越。现在的企业，最需要的便是对每一件工作都极其专注的员工。既然如此，专注的定义是什么呢？所谓专注，就是把意识集中在某个特定欲望上的行为，并且一直集中直到找出实现这个欲望的方法,而且成功地将之付诸实际行动并成功达到目的为止。非常的恒心、毅力、自信心和欲望等是构成专注行为的主要因素。

如果一个企业的员工拥有一个共同的专注信念——时刻专注地想着企业的利益,时刻专注于工作中的每一件事,那还有什么企业目标不能实现呢?

无论做什么事,只有心无旁骛地完成自己锁定的目标,才是专注的最好体现。任何伟人、英雄、军事家、企业家,他们除了拥有智慧与执着外,更重要的是具有专注的精神!因为只有这样,才能全力以赴,才能更接近成功。

相传,有一日康熙率众皇子去狩猎,皇家猎场里众皇子大显身手,个个都兴致勃勃,满载而归。归来的路上,康熙依序问阿哥们狩猎时都看到了什么。

大皇子:"我看到很多,有草原、密林、蓝天、白云……"二皇子:"我看到皇阿玛、各位兄弟、战马……"三皇子:"我看到了皇兄、皇弟们的敏捷身手、飒爽英姿,看到了大清的未来……"四皇子(雍正):"我只看到了猎物!"

听了雍正的回答,康熙眼放神光,纵声大笑:"哈哈……很好,你能专注所行,心无旁骛!"说罢,纵马狂奔而去。

一代伟大帝王康熙盛赞专注的精神,足见其具有的非常价值。当然,这不能说雍正成其伟业,只是因为这一件小事。但事情虽小,却能折射出一个人做事的风格、态度,行为中只有具备专注的心态,才能最终走向成功。可见，具备了专注的精神，就能够为自己创造锦绣的人生前程。

当今企业，工作是否专注，已成为衡量员工职业水平的标准之一。全球500强都提倡"爱岗、敬业"，倡导干一行、爱一行、专一行。在工作中能够做到专注，全身心的投入，便是杰出员工最基本、最实在的体现。

专注的实质就是认真，认真是成功最重要的特质。干任何事情，如果不认真，便会有危机产生。所以，业绩不够好，只能说明你的态度不够认真，你没有认真地用心理解工作的需求，解决工作的需求。因此对一件事情用心的程度，可以决定一个人成就的高低。

如果在工作时脑子里还想着球赛、彩票、电影、股票等一些与工作无关的东西，连最基本的精力投入都做不到，又何谈爱岗，又何谈敬业？更不用说精与专了！

在现实社会中，做事专注的精神不但一直为人们所称颂，而且受到人们高度的景仰。因为专注的敬业精神，更需要能够经受挫折、坚持不懈、持之以恒的毅力，需要勇于迎接任何困难、逆境而披荆斩棘的精神！这种精神能够催化人生的成功。对于企业的员工来说，具备这种精神，能够创造锦绣的职业前程。

可是，很多人在工作中遇到一点问题、一点挫折，就唉声叹气："看看别人，还是他们的岗位好啊，要是能换一换就好了。"如此心态，当然不可能用心工作，也不会有大的成功。

不要认为自己在本职岗位上的努力是微不足道，物质的质地松散与坚硬取决于每一个分子、原子；国家、民族、企业的兴衰则取决于每一个人！狼群之所以可怕，就是因为它们一旦锁定目标，便不受任何干扰，每一匹狼均一往无前地专注于这个目标。

在企业中，只要我们每个员工都专注于自己的工作，尽职尽责、爱岗敬业、做专做实，我们就是一个强有力的集体，一个无往不利、无坚不摧的军团，我们的企业目标就一定能够实现。

要警惕现代职场跳槽的浮躁之风

纵观许多在职场上有着锦绣前程的人士，他们之所以能够取得卓越的成就，主要原因是他们在整个职业生涯中能够始终专注于自己的工作目标，并能用心地去做。一个人只有做事情持之以恒，始终如一，有非常的毅力和恒心，才会取得成功。

我国古代有个"愚公移山"的故事：

北山愚公年已九十，在他家房前有座大山，出入很不方便。于是愚公就与家人商议，要铲掉大山，让路一直通到豫南，到达汉水以北。家人纷纷响应，开始挖山开石。

河曲智叟笑着劝阻说："你太不明智了，像你这把年纪，连山上的一草一木也拔不掉，何况土石呢？"

愚公反击说："我死了还有儿子，儿子会有孙子，孙子又会有孙子，子子孙孙是无穷的，而大山不会再增高，为什么挖不平呢？"智叟无话可说。天帝得知后非常感动，就命天神将大山背走了。从此，愚公家门前便畅通无阻了。

从这个故事可知，具有专注精神的人有着非常强大的力量，能够感天动地。

美国成功励志专家拿破仑·希尔博士把专注喻为人生成功的神奇

之钥。

如果公司里的所有雇员都专注于公司的健康发展，那么，这样的公司有何不可为之处呢？如果一位职员总是专注于自己的工作目标，又有哪个公司不为他提供攀登人生巅峰的阶梯呢？

然而，在现代市场经济中，经济利益的诱惑太大了，社会太复杂了，由于职工不专注于工作造成企业各方面的损失有的简直无法估量。因此，现代职场迫切需要具有专注精神的员工。

在现代职场中，影响专注工作最严重的莫过于跳槽。

香港最大的"人"字猎头公司（EA）发现了一个规律。外国人跳槽的频率不像中国人（尤其是留学后加入国际大公司者）那样频繁。外国人在跳槽时除了考虑工资和职位外，还会考虑在目前的公司是否已经待得足够长，否则将来简历显示出频跳的记录，将会使许多聘人公司由于对应聘者忠诚度的质疑而拒绝安排面试。在市场机制下，虽然说人才的这种自我调节和市场调节无可非议，但总是频繁地跳槽，你将很难对所从事的行业有深入的了解。而且，频繁的跳槽也会让你原来的公司对你的能力产生怀疑，你为什么总是待不住？公司对跳槽频繁的人，用得或许不少，但重用的却不多。不专注于工作的职工频繁地跳槽，直接受到损害的是企业，但员工受到的伤害更深。无论是个人资源的积累，还是所养成的这山望着那山高的习惯，都会使员工的价值有所降低。频繁跳槽者对自己的内心需求总是没有认真的反思，对自己奋斗的目标总是没有清晰的认识，自然无法掌握自己的发展方向，更不用说专注工作了。

跳槽的原因有很多，但缺乏专注精神，心浮气躁，却是最关键、最直接的因素。

那么，跳槽和做一个专注雇员各有哪些利弊呢？

实际上，跳槽的原因不外乎以下几种：

第一，经济上、职位上及内部关系方面的。

第二，专业不对口。

第三，因为没有什么发展前途，对工作没有任何新鲜感，想另辟蹊径。

一个频繁换工作的人，在经历了多次跳槽后，发现自己不知不觉中形成了一种习惯：

工作中遇到困难想跳槽；人际关系紧张也想跳槽；有时甚至莫名其妙就想跳槽，总觉得下一个工作才是最好的，似乎一切问题都可以用转移阵地来解决。这种感觉常常使人产生跳槽的冲动，甚至完全不负责任地一走了之。

具有专注精神的雇员有很多优势：

其一，专注雇员有更多的锻炼机会，会有更多受培训的机会。如果别人知道你总是喜欢跳槽，就不会给你学习的机会，而是让你多干活，用一时算一时。因为，如果把你培训出来后，你却走了，没有人会愿意做这种事。

其二，行业名声好。业内人士对相互之间的情况都比较了解。这个世界很小，特别是同行业，大家很快就会知道。

很多时候，人们在跳槽时非常潇洒，他们自认为"此处不留爷，自有留爷处"，但是真正面对工作时又很无奈。

据调查，有52%的人将薪资列为跳槽的直接原因。如果你觉得单位给你薪资过少，不妨想想，薪资和贡献是成正比的，如果你的付出够多，领导不会视而不见的。另外，薪资收入除有形的货币所得外，也应算上无形的收入，如人际关系、教育培训、企业资源等。这些无形的收入，也是一大笔财富。

如果你对公司或领导的经营方针有疑虑，可以想一想，是不是有多半的原因出在和领导的沟通上面？另外，对于公司的环境是否愿意主动去适应呢？这些都是应该思考的问题。

你要是觉得上班工作时间过长，先问问自己是不是工作效率太低？还是业务真的超负荷？若是前者，不正是自我提升与学习的最好机会吗？若是后者，应寻求其他支持，或向领导提出解决的办法。当你对职场工作气氛不满时，你是否想过，是你的人际关系不好，还是你对领导、同事总是看不顺眼？不要总是站在自己的角度去思考问题，换一个方向看，可能又是另一片天空，试试用自己的态度或幽默感改善工作的气氛吧！

如果你工作的时间很长，还没得到提拔，你可以思考一下，是不是你的绩效不佳？不要只嫉妒别人升迁，或是先入为主地认为别人升迁是靠关系、拍马屁，可能别人的努力你没有看见。

当你感到自己的能力在单位没有受到领导肯定的时候，你是否有意无意抬高了自己呢？

有时，我们的确会高估自己的能力。一味地认为自己怀才不遇，只会在职场中令人嫌弃。多和领导谈谈自己的工作或抱负，甚至主动多参加紧急重要的项目，将有助于领导对你能力的肯定与了解。

你埋怨上班交通不便，其实你完全可以早点起床，可以改变自己晚睡的习惯。每个人都有惰性，但在工作的态度上，只有勤劳才会有所收获，这是基本的自我要求。

准备换工作的朋友，请仔细地想想，自己曾经从事过的每一份工作，多少都存在着宝贵的经验与资源。如果我们每天都能带着一颗专注的心态去工作，相信工作的心情与态度，自然是愉快而积极的。

其实，不专注于工作不仅仅表现在频频跳槽上，还表现在许多方面。我们呼唤专注的精神，克服非专注的一切因素。

缺乏专注使企业涣散疲软

世界上的知名企业之所以能够做大做强，就在于企业能够专注于核心业务，员工能够专注于自己的工作目标。

一项统计数据显示：80%的中小企业在创业后的5年内便倒闭，究其原因，一个重要的因素是它们没有把主要的精力放在核心业务上。

这些企业如果能够全力专注于核心业务，全力提高自身的核心竞争力，利用专业优势，相信这项调查数据将会被改写。

随着商业环境的改变，企业的目标从对规模扩张的片面追求，开始转向对核心竞争力的培养。潜心研究那些在低迷的经济形势下脱颖而出和涣散疲软的企业就会发现，一个企业在市场中涣散疲软的原因是缺乏专注；是什么令另一些企业在市场需求紧缩的情况下依然能够保持高速的成长呢？是什么使它们在市场竞争激烈的情况下依然保持明显的优势呢？答案是：专注。

当全球电信企业一片萎缩的时候，高通公司的股票价格却上涨了近3000%。高通公司今天的成功，是因为专注自己核心业务的决策——高通公司果断地卖掉其所有的制造部门和工厂，转而专注于知识产权、授权和芯片业务的发展。尽管如此，高通公司认为自己还不够专注，又将芯片部门独立出去，重组了另一个公司。

再看看软件公司BEA创造的另一个令人惊叹的奇迹——23个季度保持高速增长，并在短短的6年时间内使销售额突破10亿美元大关，这是有史以来达到这一目标用时最短的公司。BEA取得如此不俗的业绩，关键在于专注。

自公司成立以来，BEA始终坚持发展企业硬件平台与应用软件的基础软件部分。当许许多多的软件公司向其他领域大举进军的时候，BEA却更专注于发展这一领域。最终，BEA在这一领域获得了无可匹敌的竞争优势。

爱普生之所以能够成为数码领域内的领袖厂商，是与其专注于核心业务分不开的。其实，爱普生曾经涉猎过个人电脑、电脑存储产品等诸多领域，但这些业务并未为爱普生带来利润，还令公司多次陷入亏损的境地。后来，爱普生果断地将存储产品业务取消，个人电脑外包生产，公司则专注于生产打印机的业务。现在，爱普生的发展证明了当时抉择的明智。

高通、BEA和爱普生等众多知名企业，之所以能够获得迅速的发展，并且丝毫不受恶劣的市场环境影响，是因为它们始终将精力投入在一个非常专一的业务领域，并用心努力地做好。

正是专注，令众多知名企业得以持续地巩固自己的核心竞争力，并在市场环境恶劣的情况下，依然能准确地把握市场，始终保持令人羡慕的发展速度；正是专注，令这些企业获得不断提高的创新能力，将同行远远地抛在身后；也正是专注，令这些企业不断优化自身的结构，以更为有效的运营模式，创造出令许多庞大企业黯然失色的商业传奇。

在美国500强前10名公司中，只有通用电气公司（GE）一家是多元化经营的企业集团，而绝大多数超级跨国企业都有鲜明的经营主业。曾几何时，许多企业认为，多元化经营能够有效地回避市场风险，但我们却想对这些盲目扩张、片面信奉多元化的企业说："撑死的企业，远比饿死的企业多。"

当有些专注于其核心业务的企业在经济低迷之时依然绽放光彩的时候，另一些昔日的扩张企业却由于无法专注于核心业务，走向了濒临倒闭的境地。

如韩国的现代、大宇，昔日曾以多元化经营为企业的发展模式，但时至今日，已风光不再了。我国的巨人、春都也显赫一时，但由于盲目进入众多领域使核心业务分散，使得企业竞争力涣散，最终从大众的视野中彻底消失了。

雷诺汽车公司也是一例。该公司实行多元化经营，业务部门较多，但由于力量、资源较分散，影响了企业的核心业务，从而导致经营困难，持续数年亏损。后来公司将与汽车主业无关或关系不大的部门逐渐转让出去，只专注于汽车经营，经过这样的结构调整，公司才得以稳固地发展下去。

在今天的市场环境中，市场不断细分，技术也不断创新，没有人能够在某一领域内占据100%的市场份额，也很少有企业能够保证它在不同行业中都出类拔萃，唯有在所擅长的领域内，专注于其核心竞争力，不断创新，方能使企业在一个不断发展、变化的市场中保持优势。

对于每一个企业来说，专注才能领先，专注才能成功。

对于每一个员工来说，专注才能务实，专注才能创新。

专注是员工与企业之间的纽带

在职场中，我们经常看到这样一种现象：有些年轻人，总是抱怨自己的职位低，能力得不到发挥。于是，他们便从这家公司跳到那家公司。几年下来，养成了不能专注于本职工作的坏习惯，总是这山望着那山高。

有一些年轻人，他们在进入一家公司之后，总是任劳任怨，拿低薪水。突然有一天，他们就像会施魔法的巫师一般，突然升到高位，薪水也翻了几翻甚至几十翻。

这些年轻人的素质与能力都相差无几，是什么造成他们的巨大差异呢？答案是：专注。一个员工只有对所从事的工作有强烈的进取心，并用心去做，才有可能为自己打造出锦绣的职业前程。

不要抱怨企业没有给你机会，只要你时时刻刻专注于工作的目标而非其他琐事，并用心去做，你就会发现成就卓越的机遇无处不在。

专注是员工与企业之间的价值纽带。具有专注精神的员工把自己视为企业的主人，时刻为企业的利益着想，并不断推动企业发展；而企业对于专注工作的组织成员给予极大的发展空间和机会，员工随着企业的发展而不断发展。企业与员工的命运是紧密相连，相辅相成的。

或许可以这样说，对于企业雇主，为了让自己的企业更加出色，并不断创造财富，就必须青睐专注于本职工作的组织成员；如果组织成员想使自己的职场前程锦绣如花，就应专注于企业的工作目标，用心去做好每一项最基本的工作。

吴士宏是一个非常有个性的现代女性，因为这种个性，她从一个小医院的护士，步入企业界，成了IBM的中国销售总经理和微软中国公司总经理，之后她又出任TCL信息产业集团公司总裁。

吴士宏自学英语专科，在她还差一年毕业时，她看到报纸上IBM公司的招聘，于是她通过外企服务公司准备应聘该公司。在此前，外企服务公司向IBM推荐过许多人，但没有一个被聘用，吴士宏很幸运，被选中了，于是她在IBM干起了办公勤务。

在加入IBM中国公司以后，直到吴士宏做到销售总经理，也并非吉星高照，但吴士宏却能专心一意、锲而不舍地工作，几经周折，最终参加了计算机资格考试，得到培训的机会。从香港培训回来后，吴士宏做了公司的销售员。

5年后，吴士宏在广州出任IBM华南分公司总经理，由于成绩非凡，被同行称为"南天王"。1977年就任IBM中国销售总经理。

纵观吴士宏的职场发展，我们可以看出，锦绣的职场前程是与她高度敬业的专注精神分不开的。在她刚加入IBM时，做的是杂务工作，琐碎且辛苦，还时常受到其他同事的排挤，但吴士宏总是尽心尽力，没有任何抱怨地把工作做到最好。

于是，那些具有学士、硕士学位的人被各方面条件都再普通不过的吴士宏所击败。对于这样的人才，IBM企业也做出了最大的回应，送到香港培训并升职。

若想在职场上有所成就，就要时刻专注于你的工作，不要因为外界的诱惑而轻易放弃。若能做到这一步，企业也决不会再让你站在阴影里了。

有这样的一个故事：

一个商人需要一个小伙计，他在商店的窗户上贴了一张独特的广告："招聘：一个能自我克制的男士。每星期4美元，合适者可以拿6美元。""自我克制"这个词语引起了议论，显得有点不平常。这引起了人们的注意。

每个求职者都要经过一个特别的考试。

"能阅读吗，孩子？"

"能，先生。"

"你能读一读这一段吗？"商人把一张报纸放在小伙子面前。

"可以，先生。"

"很好，跟我来。"商人把年轻人带到他的私人办公室，然后把门关上。商人把一张报纸递到小伙子手上，让他不停顿地读完报上的那段文字。

阅读刚一开始，就进来六只可爱的小狗，小狗跑到小伙子的脚边。小伙子经受不住诱惑地看了看小狗。由于视线离开了报纸，小伙子忘记了自己的角色，读错了，当然他失去了这次机会。就这样，商人打发了70个小伙子。终于，有个小伙子不受诱惑地一口气读完了，商人很高兴。他们之间有这样一段对话：

商人问："你在读书的时候没有注意到你脚边的小狗吗？"

小伙子回答道："对，先生。"

"我想你应该知道它们的存在，对吗？"

"对，先生。"

"那么，为什么你不看一看它们呢？"

"因为你告诉过我要不停顿地读完报纸，所以我不会轻易放弃阅读。"

"你说的是要遵守你的诺言吗？"

"的确是，我总是努力地去做，先生。"

商人高兴地说道："你就是我要找的人，明早7点钟来，你每周的工资是6美元，我相信你大有发展前途。"

小伙子的确如商人所说，后来获得了很大的发展。在小伙子的帮助下，商人的生意越做越大，商店也越开越多，小伙子已不再是一个小伙计了，他是一个管理除商人之外的几百个小伙计的总经理。

员工专注是企业发展的动力

深圳市航盛电子股份有限公司是国内汽车电子产业的领跑者。建厂之初，员工只有30人，产值不到100万元，而2001年的产值达到2亿元，2002年达到4亿元。航盛公司是如何取得跨越式的发展呢？公司总经理杨洪说："公司能有今天，也谈不上什么秘诀，只是公司内无论是管理者，还是普通的员工，都在实施'焦点法则'，即把80%的精力放在20%的事情上。原因很简单，这20%的事情能带来80%的效益。就我来说，我只专注三件事，即制定战略，培养干部，整合资源提高核心竞争力。"

作为员工，职场的锦绣前程开始于专注本职工作，员工用心做好自己手头的工作其实是企业发展强大的主要动力。因为企业的效益都是员工创造的，即使再正确的决策或方案都是空洞的，只有靠员工去落实，通过员工一点点地去实现。因此，企业领导是企业蓝图的策划者，也是企业发展的推动者，而企业员工才是企业的效益者，也是企业发展的创造者。

毫无疑问，一个企业要发展就要靠专注工作的员工。一个精明能干的员工，即使很有能力，但是不能专注于本职工作，不以公司利益为重，对企业也无丝毫益处，也不能推动企业向前发展。

在微软的发展史上，无论是现在，还是将来，开发市场都占据着举足轻重的地位。

在开发期间，每一位参与人员都开足马力，进入到近似疯狂的工作状态，几乎没有白天和黑夜之分。据说，有位担任测试工作的程序师把自己的睡袋也搬到实验室，整整一个月足不出户。

对于微软的优秀员工而言，不论把他们称作螺旋头脑、数位头脑、齿轮转动头脑，或是工作狂、用脑狂，都无疑说明一个问题，这是一群专注工作的家伙。事实证明，微软的兴旺发达与这群员工专注工作的精神是密不可分的。正是这些员工工作时的专注，才创造了微软发展的神话，才创造了比尔·盖茨的财富神话。

员工专注工作，从细处讲就是尽职尽责，热爱本职工作，对客户负责，有强烈的责任感。

专注工作的员工，绝不会在工作时间做私事，因为这不但会耽误工作进度，还会影响工作的氛围。

从某种程度上讲，不能专注于工作的员工是相当可怕的，特别是那些身居要职而又散漫的人，或是居心不良的精明能干者。前者不能很好地执行上级管理者的决策，而后者却会泄露公司的经营决策、商业秘密。但无论是二者中的哪种人，他们的行为都将影响企业的生存与发展。企业当然要排除这样的员工或管理者，为专注工作的员工提供良好的工作氛围和更加广阔的发展空间。

专注精神的核心是敬业

一份英国报纸刊登了一则招聘教师的广告："工作很轻松，但要专注、尽职尽责才能做好。"这个"专注"的更深一层意思便是敬业。在现实中，许多公司花费了大量资源对员工进行培训，然而当他们掌握了一定的工作经验后，往往一走了之，有些甚至不辞而别。有一些员工勉强留了下来，但却整天抱怨公司和老板无法提供优越的工作环境，将所有责任全部都推给老板。这种不敬业的行为和态度让公司和员工自己都深受其害。

世界知名企业的员工，除了有优秀过硬的技术，还具有高度专注的敬业精神。

敬业是专注精神的核心。

因为专注的主要目的是实现工作目标，而敬业是实现工作目标必须付出的一点一滴的努力，没有这些一点一滴努力成果的积累再专注也只是望洋兴叹。只有把专注与敬业结合起来，专注才有所依托，也才有价值。

敬业不仅仅是一种观念——对工作勤奋、对公司敬业、对自己自信，还是一种行为倾向——爱业、精业、勤业、乐业。敬业是员工职业精神的重要美德之一。

所谓敬业，就是敬重并重视自己的职业，把工作当成自己的事业，并对此付出全身心的努力；抱着认真负责的态度，一丝不苟地工作，即使付出更多的代价也心甘情愿，能够克服各种困难，做到善始善终。

敬业的人无论能力大小，老板都会给予重任，这样的人走到哪里都有条条大路向他们敞开。相反，能力再强，如果缺乏敬业精神，也往往会被人拒之门外。毕竟，需要用智慧来做出决策的事很少，需要用行动来落实琐碎工作的很多。大多数职场人员都是靠敬业和勤奋走向锦绣前程的。

阿尔伯特·哈伯德说："一个人即使没有一流的能力，但只要你拥有敬业的精神，同样会获得人们的尊重；即使你的能力无人能比，但没有基本的职业道德，也会遭到社会唾弃。"王进喜的敬业精神激励着中国一代又一代的年轻人。在大庆发现油田后，一场规模空前的石油大会战在北国荒原上展开了。以"铁人"王进喜为代表的大庆油田工人，头顶青天，脚踏荒原，与天斗，与地斗，与恶劣环境斗，决心为把"中国贫油"帽子甩进太平洋而贡献力量。会战初期，他和工友们吃住在井场，饿了就啃一口窝窝头，累了就在井架旁靠一靠，困了头枕钻头席地而睡；吊装车不够用，他和战友们用肩膀扛；水管没安好，他们用脸盆、水桶运水；为了压住井喷，"铁人"跳进泥浆用身体搅拌……正是这种高度专注的敬业精神，为祖国的富强做出了不可磨灭的贡献。

实际上，一个人在专注工作的过程中，不可避免地会遇到这样或那样的挫折与挑战。要战胜困难就要有敬业精神。敬业是强者之所以成为强者的一个重要原因，也是由弱者到强者必须具备的职业品性。

然而，有许多大学生，当学业有成步入职场后，总是认为自己怀才不遇，由于对工作缺乏热情和敬业精神，总是以消极散漫的态度对待本职工作；而另外一些同学，由于用心工作，以专业制胜。于是就出现了颇为"喜剧化"的结果——弱者得到提升，强者固守原位。

究其原因，关键在于他们是不是有专注与敬业的职业精神。

敬业所带来的最直接的结果，当然是企业的不断发展，但更具意义的却是员工在自己的领域内出类拔萃，并随着企业的发展壮大而不断发展提升。

专注是优秀员工的绝对标准

一个人无论从事何种职业，都应该专注，尽自己最大的努力，争取不断进步。这不仅是工作的原则，也是人生的原则。如果没有了职责和理想，生命就会变得毫无意义。无论你身居何处（即使在贫穷困苦的环境中），如果能全身心地投入工作，最后也会获得经济自由。那些在人生中取得成就的人，都在某一特定领域里进行过坚持不懈的努力。

专注地做好一件事，比对很多事情都懂得一点皮毛要强得多。有一位总统在得克萨斯州一所学校做演讲时，对学生们说："比其他事情更重要的是，你们需要知道怎样将一件事情做好；与其他有能力做这件事的人相比，如果你能做得更好，那么，你就永远不会失业。"

一个成功的经营者说："如果你能真正制造好一枚别针，应该比你制造出粗陋的蒸汽机赚到的钱更多。"许多人都曾为一个问题而困惑不解：为什么明明自己比他人更有能力，但是成就却远远落后于他人？不要疑惑，不要抱怨，而应该先问问自己：我是不是把自己的全部精力都用在工作的目标上了？我是否用心做好工作了？对于工作中的挑战，我是否接受挑战了？如果你对这些问题无法做出肯定的回答，那么这就是你无法取胜的原因。

美国著名电台主持人莎莉·拉菲尔在她的职业生涯中曾经遭遇过18次辞退，她的主持风格曾经被人贬得一文不值，但她仍一心想做一名优秀的节目主持人。

最早的时候，她想到美国大陆无线电台工作。但电台负责人认为她是个女性，不能吸引听众，理所当然地拒绝了她。

她来到波多黎各，希望在这里能够有好运气。但她不懂西班牙语，为了熟悉语言，她花了3年时间。

她又自费到各地去采访，搞自由撰稿，有时也在电台做兼职。尽管她不停地工作，但总是不停地被辞退。有时电台甚至指责她，说她根本就不懂什么是主持。

后来，她向一家电台推销清谈节目，然而对方并不感兴趣，只是让她临时做政治节目主持人。

莎莉·拉菲尔对政治一窍不通，但是她不想失去这份工作，于是开始大补政治知识。

1982年夏天，拉菲尔的以政治为内容的节目开播了，她那娴熟的主持技巧和平易近人的风格，在美国电台史上是史无前例的。

拉菲尔几乎一夜成名，她的节目成为全美最受欢迎的政治节目。现在的她是美国一家个人电台节目主持人，两度获得全美主持大奖，每天有800万观众收看她主持的节目。在美国的传媒界，她成了一座金矿，她无论到哪家电视台、电台，都会带去巨额的经济效益。拉菲尔的专注使她成了一个优秀的人。因此，专注能够造就优秀。专注是优秀的基础，而优秀是专注的最好体现和回报。在职场，员工专注工作才能做好工作，创造效益，因此，专注是优秀员工的绝对标准，因为它是企业的生命和灵魂。一个不能让企业充满活力和发展的员工，是没有前途的员工，企业也不会让这样的员工永远地生存下去。因为企业的目的就是发展和效益，而发展和效益需要优秀员工去创造，而优秀的员工需要专注地工作来体现，这就是企业和员工的连锁价值和反映。

锦绣职业前程从专注开始

查理到某家大公司应聘部门经理，老板提出要有一个考察期。但查理没想到上班后却被安排到基层商店去站柜台，做销售代表。尽管查理感到无法接受，但他还是耐着性子用心做好本职工作。后来，他认识到自己对这个行业不熟悉，对这个公司也不十分了解，的确需要从基层工作干起，才有可能全面了解公司、熟悉业务，何况自己拿的还是部门经理的工资呢！

虽然实际情况与自己最初的预期有很大的差距，但是查理懂得这是老板对自己的一种考验。他坚持下来了,他充分利用这3个月最基层的工作经验,带领团队取得了良好的业绩。半年后,公司总经理被调走了,他顺理成章地坐上了那个位子。

在实际工作中,经验的重要性是远远大于知识的。一个新手到了工作岗位上,他将很快发现,他的所学对于工作而言,在短期内起不了多大作用,他一开始根本就无从着手,因为"纸上得来终觉浅"。像故事中的查理,刚入职时雄心勃勃,要做经理级人物。但如果真让他直接做经理的话,他必然感到无所适从,不出两天就会感觉自己没多少贡献,脸皮薄儿一点的话会递上一封辞职信,收拾东西走人。

等经理把他下放到基层的时候,查理才发现,原来他对行业、企业都不怎么了解,很多具体操作都还不太懂。就算懂得,也仅仅是概念性的和表面性的东西,谈不上具体和实质性的了解,如果没有这一段最基层的经历,他是无法成为一个合格的经理的。一个平凡的人,如果他一开始就能专注于本职工作,他就会积极主动,以极大的热忱、责任感投入到工作中,升职加薪自然就会不请自来。

一个没有专注精神的员工只能平凡一生,有些人自暴自弃,他们认为:"反正我也是个平凡人,过一天算一天吧!"于是,学习没动力,工作不专注,结果什么事也干不好。最后平凡人都做不成,只能沦为平庸的人。

因此,一个想在职场上有锦绣前程的年轻人,必须从进入职场的第一天开始,就专注于本职工作,这样才会实现理想。

在一般人眼中,仓库保管员是再平凡不过的工作了,只要收好货、发好货、保管好货就可以了,既简单,又用不着费脑筋。而大庆油田的仓库女保管员齐莉莉却能专注于平凡的工作,从而做出骄人的业绩,被同事、领导们称为保管员的"状元"。

齐莉莉对自己经手发货的500多项、7万件器材，能一口气报出它们的名称、型号、规格、单价及数量，并且闭上眼睛能准确地到货位上取出所需的器材。齐莉莉凭什么成为一部活电脑的呢？答案是：从参加工作便用心做好本职工作，日积月累，在平凡中塑造了优秀。

魏书生中学毕业后，成了一名普通劳动者，后来他做代课教师、民办教师、公办教师，教小学、教中学，他始终专注于本职工作——兢兢业业地教书、孜孜不倦地育人、勤勤恳恳地研究，最终他成了大名鼎鼎的教育家。

徐虎是上海房管部门的一个极其普通的水电工，他从事的工作也极其普通，他从没有想成名成家，一心为老百姓服务，于是他设立了"方便信箱"。30年，他始终如一地爬下水道，通排粪管，修水龙头。谁也看不出，每天背着工具包走街串巷的老师傅是全国劳动模范。

徐虎之所以能获得巨大的成就，就在于他始终专注于本职工作，坚持不懈。因此，我们对待工作一定要专注，专注于平凡小事方可以成就不平凡的事业。

很多知名企业的高层主管，一开始都是普普通通的员工，很少有一开始就高高在上而做出成绩的。美国通用电气前总裁杰克·韦尔奇就是从最基层工作做起的，在GE整整工作了27年才升为总裁。因此说，员工的锦绣职业前程开始于专注。

专注的员工赢得上司的信任

一天，在一棵古老的橄榄树下，乌龟听见一只长得很漂亮的雄鸽子说，狮王二十八世要举行婚礼，邀请所有的动物都去参加庆典。"既然狮王二十八世邀请所有的动物都去参加庆典，那我也是动物，我也应该去！"乌龟心里想。

乌龟上路了，在路上它碰见蜘蛛、蜗牛、壁虎，还有一大群乌鸦。它们先是发愣，然后嘲笑说："乌龟呀乌龟，不是我们说你，这么一个非常简单的道理你都不懂，婚礼马上就要举行，可你爬得这么慢，你能赶上吗？别说婚宴早已结束，洞房也已闹完，等你赶到，恐怕生下的小孩也已经长大成人并可以举行婚礼了。"

但乌龟执意前行。

许多年后，乌龟终于爬到了狮王洞口。只见洞口到处张灯结彩，各类动物几乎应有尽有。

这时，快活的小金丝猴告诉它说："今天，我们在这里庆祝狮王二十九世的婚礼。"

乌龟说明了来由，受到狮王的热烈欢迎，狮王把乌龟作为自己最信赖的朋友。

专注目标，坚持不懈，才会得到一个圆满的结果，这样才会引起上司的注意、信任和青睐。

从前，在美国标准石油公司里，有一位小职员叫阿基勃特。他在外住旅馆的时候，总是在自己签名的下方，写上"标准石油每桶4美元"的字样，在书信以及账单上也不例外，签了名，就一定写上那几个字，久而久之，他被同事叫作"标准石油"，而他的真名反倒没有人叫了。

公司董事长洛克菲勒知道这件事后说："竟有职员如此努力宣扬公司的声誉，我要见见他。"于是邀请阿基勃特共进晚餐。

后来，洛克菲勒退休，阿基勃特当上了董事长。

在美国标准石油公司，有才华和有能力的人不在少数，但能够获得洛克菲勒青睐和信任的，却是一个小小的推销员阿基勃特。究其原因，关键在于阿基勃特肯专心致力于公司的利益，并坚持到底。

你专注及坚持的心志够不够强？这可是赢得上司青睐与信任的重要因素。

因为上司需要的是与自己同甘苦共命运的员工。在打拼创业的时候，他需要的是帮手；在守业发展的时候，他需要的是推动发展的人。

专注的员工会成为公司的重要成员

在职场中，诱惑无处不在。作为员工，要想脱颖而出，成为骨干，专注的职业精神是必不可少的。

现代职场中的新老员工大多把事情看得过于简单，不肯集中自己所有的精力去努力。须知，经验好比一个雪球，在人生的路上，它永远是越滚越大的。

任何人都应该把精力集中在工作，不断工作、不断学习。你费的功夫越大，所得到的经验也越多，做起事来也就越容易。

两个同龄的年轻人同时受雇于一家店铺，并且拿同样的薪水。可是一段时间后，叫阿诺德的那个年轻人青云直上，而那个叫布鲁诺的年轻人却仍在原地踏步。

布鲁诺很不满意老板的不公正待遇。终于有一天他到老板那儿发牢骚了。老板一边耐心地听着他的抱怨，一边在心里盘算着怎样向他解释他与阿诺德之间的差别。

"布鲁诺先生，"听完布鲁诺的抱怨之后，老板开口说话了，"您现在到集市上去一下,看看今天早上有什么卖的。"

布鲁诺从集市上回来向老板汇报说,今早集市上只有一个农民拉了一车土豆在卖。

"有多少?"老板问。

布鲁诺赶快又跑到集市上,然后回来告诉老板一共40袋土豆。

"价格是多少?"布鲁诺第三次跑到集市上问来了价格。

"好吧,"老板对他说,"现在请你坐到这把椅子上,一句话也不要说,看看别人怎么做。"

老板将阿诺德找来,让他去看看集市上有什么卖的。

阿诺德很快就从集市上回来了,向老板汇报说:到现在为止,只有一个农民在卖土豆,一共40袋,价格很便宜,土豆质量很不错,还带了一个让老板看。这个农民一个钟头以后还会弄来几箱西红柿,据他看价格非常公道。阿诺德又说:昨天他们铺子的西红柿卖得很快,库存已经不多了。他想这么便宜的西红柿老板肯定会进一些的,所以不仅带了一个西红柿做样品,而且把那个农民也带来了,他现在正在外面等回话呢!

此时,老板转向了布鲁诺说:"现在你肯定知道为什么阿诺德会受到重用了吧?"

作为雇员,对待工作专注的程度直接影响你在公司的地位。正如文中的两位员工,布鲁诺只干老板吩咐的事,做工作的奴隶;而阿诺德从公司的利益出发,时刻专注于有利于公司的事情,争做企业的主人,于是他受到老板的重用。

不专注的员工是为了完成任务而做事,他工作应付了事,是简单机械的;而专注的员工是为创造效益而工作,追求的是最佳结果和最大效益,是开拓创新的。因此,一个员工是否专注,从他做事的态度便能看出来。

专注的员工在公司追求持续、稳固的自我发展，随着他的节节攀升，慢慢成为公司的骨干力量，成为公司的重要成员，赢得老板的信任，担任重要的职务。

专注使员工具有职场竞争力

员工的专注精神使其具有职场竞争力。系统论有一至理名言：整体大于部分简单相加之和。

这个效能同样适合工作中的持续效应。研究发现，人的大脑在工作时要达到最佳状态，必须将时间做整批的运用，只有保持其效应的持续性，才能尽快地获得预期的目标。

一个人的品性是多年行为习惯的结果。行为重复多次以后就会变得不由自主，似乎不费吹灰之力就可以无意识地、反复做同样的事情，到后来不这样做已经不可能了，于是便成了人的品性。因此，一个人的品性受到思维习惯与成长经历的影响，这种品性在工作、生活和学习方面都起着决定性的作用。

一个初入职场的人，缺乏专注工作的态度，做事三心二意，遇到困难就跳槽，久而久之，养成了缺乏专注精神的工作习惯。这种习惯势必影响他以后的前程。

威廉·怀拉是美国推销寿险的顶尖高手，年收入高达百万美元。他成功的秘诀就在于拥有一张令顾客无法抗拒的笑脸。那张迷人的笑脸并不是天生的，而是长期苦练出来的。

威廉原来是全美家喻户晓的职业棒球明星球员，到了40岁因体力日衰而被迫退休，而后去应聘保险公司的推销员。

他自以为以他的知名度理应被录取，没想到竟被拒绝了。人事经理对他说："保险公司推销员必须有一张迷人的笑脸，而你却没有。"

听了经理的话，威廉没有气馁，立志苦练笑脸，他每天在家里放声大笑百次，邻居都以为他因失业而发神经了。为避免误解，他干脆躲在厕所里大笑。

经过一段时间的练习，他去见经理。可经理说："还是不行。"

威廉不泄气，仍旧继续苦练，他搜集了许多公众人物迷人的笑脸照片，贴满屋子，以便随时观摩。

他还买了一面与身体同高的大镜子放在厕所里，每天进去大笑三次。隔了一阵子，他又去见经理，经理冷淡地说："好一点了，不过还是不够吸引人。"

威廉不认输，回去加紧练习。有一天，他散步时碰到社区的管理员，很自然地笑了笑，跟管理员打招呼。管理员对他说："怀拉先生，你看起来跟过去不太一样了。"这句话使他信心大增，立刻又跑去见经理，经理对他说："是有点味道了，不过仍然不是发自内心的笑。"

威廉不死心，又回去苦练了一段时间，终于悟出"发自内心如婴儿般天真无邪的笑容最迷人"，并且练成了那张价值百万美元的笑脸。

威廉永不死心，专注地练就了他那张价值百万美元的笑脸，那张笑脸成了他最好的名片，并为企业创造了巨大的经济效益。推销保险是最具挑战性和竞争性的行业，而威廉在这个行业中如鱼得水，非常顺手。因此可以说专注能够使员工具备核心竞争力。即使暂且不具备竞争力，只要具备了专注的精神，那也可以凭借着专注的毅力，练就一手绝活，从而让自己具备独特的核心竞争力。

专注意味着专业技能不断提高

专注不仅体现在恒心、毅力上，更直接体现在专业的技能方面，也可以这样说，一个人具备了专注的精神，那么他就会不断发展自己的专长，不断提高自己的专业技能，因为这是专注于事情所必需的，它们是相辅相成的关系。

《庄子》一书中，有两个技艺超群的人。

一个是厨房伙计，一个是匠人。厨房伙计即那位宰牛的庖丁，匠人即那个楚国郢人的朋友，叫匠石。二人的共同之处就是技艺超群，简直到了出神入化的境界。

先看庖丁，他为梁惠王宰杀一头牛。他那把刀只是刷刷刷几下，一个庞然大物，便肉是肉、骨是骨、皮是皮地解剖得清清爽爽。他杀牛时，手触、肩依、脚踏、进刀，就像是和着音乐的节拍在表演。更奇的是，庖丁的刀已用了19年，所宰的牛已经几千头，而那刀仍像刚在磨石上磨过一样锋利。

再看匠石，他的技艺也十分了不得。郢人把白灰抹在鼻尖上，让匠石削掉。那白灰薄如蝉翼，匠石挥斧生风，削灰而不伤郢人的鼻子。

这些绝技当然是长期的专注练就的，不是一朝一夕成功的。

有一些人对什么事都好奇，什么事都想做，以致做什么都浅尝辄止，不能深入地刻苦钻研，结果一事无成。为什么会出现这样的情况呢？正如国棋大师林海峰教导吴清源时所讲的："逐两兔则一兔不得，也就是说，术业有专攻才会有提高的可能，只有专注在一门专业上，才有可能不断提高专业技术和专业能力。"

有一个动画片：森林里要举行比武大会，比赛的项目有飞行、赛跑、游泳、爬树和打洞。动物们纷纷报名参加自己拿手的项目，鼯鼠也来了，它要求参加所有的项目。负责报名的乌龟把老花镜摘下又戴上，上下打量着问它："五种本领你都会？"

"都会！"鼯鼠自豪地回答说。

几只叽叽喳喳的小麻雀都闭了嘴，佩服地看着它，然后又叽叽喳喳地飞走了，逢人就说："鼯鼠可厉害了，它什么都会！"

比赛刚开始，最先比的是飞行。一声哨响，老鹰、燕子、鸽子一下就飞得没影了，鼯鼠扑腾着飞了几丈远就落下来了，着地时还没站稳，摔了个嘴啃泥，惹得大家哈哈大笑。

赛跑比赛，兔子得了第一名，躺在树下睡了一觉醒后，鼯鼠才跌跌撞撞地跑到终点。

游泳比赛，鼯鼠游到一半就游不动了，大声喊起救命来，多亏了好心的乌龟把它驮到岸上。

爬树比赛时，鼯鼠还没爬到树顶就抱着树枝不敢再爬，顽皮的猴子爬到树顶后摘下果子往它头上扔。

打洞比赛，穿山甲一会儿就钻进土里不见了，鼯鼠吃力地刨啊刨，半天才钻进半个身子，观众见它撅着屁股怎么也下不去，都哄笑起来。

鼯鼠虽然有五种本领，但它没有专注于自己的优势，因此到应用的时候却没有一样中用，这哪能算是本领呢？

一个人无论做什么事，都不能一心二用，不能采取走马观花的态度，什么事都想做，什么事都不下苦功去做，结果只能是一事无成。因此，我们只有一心一意地对待自己所做的每一件事情，做到用心专一，踏着专注这一基石，一步步不懈地向着目标迈进，最终一定会到达成功的彼岸。

成功属于专注者。只有专注者，才能不断提高自己的专业技能。

孔子带着一群学生在凉亭歇息，看到一个老人拿着涂有树脂的竹竿在捉蝉。老人的技巧非常好，百发百中，简直是出神入化。

孔子问老人："您捉蝉的本领真高，有没有什么秘诀？"

老人笑笑说："蝉是很机警的昆虫，一有动静就会飞走。因此在拿竹竿时要闻风不动，甚至在竹竿上放两粒弹珠也不会掉下来，就可以开始捉蝉了。如果练到在竹竿上放五粒弹珠都滚不下来，捉蝉就像伸手拿东西一样容易了。所以我捉蝉的时候，专心一意，天地万物都不能扰乱我的注意力，眼睛看到的只有蝉的翅膀。能练到这个地步，还怕捉不到蝉吗？"

孔子听得频频点头，转身对学生说："听明白了吗？只有锲而不舍，专心一意，才能把本领修炼到出神入化。"

专注是无限的，专长更是无限的。作为一名专注的员工，为了全身心地投入专注的事业中，一心一意地追求最佳的结果，因此，他的追求也是无限的，他采取追求的方法更是无限的。为了这无限的追求方法，他就必须不断提高专业技能。

专业技能的提高不仅仅是简单的会与不会的问题，更重要的是它的最高境界，也就是出神入化的地步。为了达到这个地步，那就只有专注地修炼，修炼，再修炼！

优秀员工必须树立专注精神

荀子说过这样的话:"蚓无爪牙之利,筋骨之强,上食埃土,下饮黄泉,用心一也。"一句话道出了专注的重要性:无论做什么事,要想取得成功,必须树立专注的精神,一步一个脚印去努力争取。在企业中,要想出类拔萃,就要树立这样的职业精神。

在通向锦绣职场的路上,既有烂漫的山花,也有丛生的荆棘。走在山花烂漫的路上,我们可能会被美丽的山花所吸引,却疏忽了赶路的行程或者淡忘了自己的目标;走在荆棘丛生的路上,前面的挑战可能让我们失去信心,退缩不前。

很多有才华的青年,能够克服荆棘丛生的道路,却被烂漫的山花所累;或者对烂漫的山花视而不见,却在困难险阻面前退缩。无论哪种情况,最终都会推迟目标的实现或者不能实现目标。

很显然,要实现自己的目标并不是一件容易的事,这需要我们专注于自己树立的目标,用自己的毅力和专业技能克服在通往目标道路上出现的挫折与诱惑。

尼玛就是一个很好的例子。一进入公司他就被派驻国外工作,过了一年枯燥的生活。调回公司后,他充分运用在海外的经验施展才华,年纪轻轻就升到业务经理的位子。

但是就在他任业务经理期间,市场行情持续低迷,再加上其应变措施太慢,造成了公司严重损失,公司追究责任使得尼玛被降为普通职员,这使他备感屈辱,如坐针毡。

好几次尼玛都想辞职,但最后他并没有这么做。他告诉自己,以前的光辉历史已成为过去,重要的是如何处理和应对未来可能出现的问题,他在内心不断地激励自己:"绝不气馁,绝不罢休,永不放弃。"

从这句话中可以看出他急于想从逆境中突破而出,勇于迈向未来的强烈奋斗精神。蛰伏一年之后,他被分配到另外一个部门,并经过自己的努力,又一次获得升职,最后成为这家公司的总裁。一帆风顺的事业之途,有时无益于优秀职员的培养,经过几番波折,能够突破艰难,化阻力为助力,反而能造就处变不惊的企业优秀才干。

尼玛从动摇到专注,再到走上锦绣的职业前程,都说明只有专注才能使你优秀,因此,优秀的员工都必须树立专注的精神。

优秀员工的"优秀"体现在很多方面,或许在工作上很出色,或许在人际关系上处理得非常好,或者时时都在维护公司的利益和信誉,等等。但是,专注才是优秀职员最根本最本质的标准。因为专注的员工不是一时一地地为了某个目的而表现得"优秀",而是始终如一的。专注是综合的整体的优秀,而不是单方面的,更不是有"目的"性的,而是一贯的。

作为一名优秀员工,安心在公司干下去,必须具备专注的精神,也只有具备专注的精神,才能成为真正优秀的员工。

第二章　你的专注精神怎么样

专注从来都不是一件容易的事。在现代生活中，我们每天要接触那么多人，加上无所不在的电话、视频、网络、电视，想要做到专注更是难上加难。而且，我们还会分心、胡思乱想，或依习惯总想先处理那些简单的、例行的、不需深思的事情，导致很多重要的事被搁置。可见要做到专注有多难。

专注的员工具备勤奋的职业道德

专注的员工不论从事什么样的工作，都能任劳任怨、勤勤恳恳地工作。因为专注的员工都具备勤奋的职业道德。凡事勤奋则易，懒惰则难。涓滴之水终可磨损大石，不是由于它力量强，而是由于它昼夜不舍地滴附。

专注的员工最直接的体现就是勤奋，当然不是所有的勤奋都体现了专注，只有一贯的勤奋才体现了专注，专注员工要专注于工作，勤奋工作是首要的因素，更是专注的基础和依托。

古罗马人有两座圣殿，一座是勤奋的圣殿，一座是荣誉的圣殿。他们在安排座位时有一个顺序，即必须经过前者才能达到后者——勤奋是通往荣誉圣殿的必经之路。

也许有人会说，现在时代已经变了，勤奋已不再是职场上的法宝了。时代的确不同了，但也并非如你想象的那样——勤奋毫无意义，而恰恰相反，勤奋是职场中必不可少的美德，更是专注的员工必须具备的职业道德。

公司的正常运转需要每一位员工付出努力，员工的勤奋刻苦对公司的发展极其重要。因果相连,只有那些在艰苦求索过程中付出辛勤工作的人,才有可能取得令人瞩目的成果,因为公司会为你的勤奋铺上锦绣的前程。

年轻的约翰·沃幼梅克每天都要步行4公里到费城的一家书店去打工,每周的报酬只有1美元25美分,但他勤奋刻苦的精神让人感动。后来他又到一家制衣店工作,每周多加了25美分。从这样的一个起点开始,他勤奋刻苦地工作,不断向上攀登,最终成了美国最成功的商人之一。1889年,他被哈里森总统任命为邮政局局长。

然而,很多年轻人都没有勤奋的职业精神。许多人在寻找自我发展的机会时常常这样问自己:"做这种平凡乏味的工作,有什么希望呢?"

可是,就是在这些极其平凡的职业中、极其低微的岗位上往往蕴藏着巨大的机会。只要勤奋工作,努力把自己的工作做得比别人更完美、更迅速、更正确、更专注,调动自己的全部智力,全力以赴,从小事中找出新方法,就能引起别人的注意,也才有发挥本领的机会和获得事业的提升。

杰克在国际贸易公司上班,他很不满意自己的工作,愤愤地对朋友说:"我的老板一点也不把我放在眼里,改天我要对他拍桌子,然后辞职不干。"

"你对公司业务完全弄清楚了吗?对于做国际贸易的窍门都搞通了吗?"他的朋友反问他。

"没有!"

"君子报仇三年不晚,我建议你好好地把公司的贸易技巧、商业文书和公司运营完全搞通,甚至如何修理复印机的小故障都学会,然后再辞职不干。"朋友说,"你把公司作为免费学习的地方,什么东西都学会了之后再一走了之,不是既有收获又出了气吗?"杰克听从了朋友的建议,从此便默记偷学，下班之后，留在办公室研究商业文书。

一年后，朋友问他："你现在许多东西都学会了，可以拍桌子不干了吧？"

"可是我发现，近半年来，老板对我刮目相看，最近更是不断地委以重任，又升职又加薪，我现在是公司的红人了！"

"这是我早就料到的！"他的朋友笑着说，"当初老板不重视你，是因为你的能力不行，却又不努力学习；而你痛下苦功，能力不断地提高，老板当然会对你刮目相看了。"

职场人士要想把自己变成一个专注的勤奋的员工，就需要从以下几个方面努力：

首先，牢记自己的梦想。只有给自己一个奋斗的理由，你才能坚定信心，锲而不舍。有太多的人只是为工作而工作，如果讨厌责任，或者是惩罚，这种思想注定了只会偷懒和拖拉。而如果你把工作当成实现梦想的阶梯，每上一个阶梯，就会离梦想更近一点，你还会那么痛苦吗？在公司加班时接到朋友的电话："你在干什么？到动物园来吧，这里有一支非洲著名的马戏团在动物表演，特有意思！"你会作何反应呢？一开始你会抱怨他打扰了你，接着你开始可怜自己——别人玩得那么开心，而我却只能对着电脑敲击这些无聊的字符。如果你是一个专注的勤奋员工，这时你提醒自己留在这里的原因——把这个方案弄好并交给上司，就有90%的概率成为策划部的主管。一想到自己的职位将升到"部长"或"经理"，是不是很快就会沉浸到工作中去呢？

其次，学会用心工作。很多公司的老员工习惯于只用手工作，因为这项工作他们已经很熟悉了，闭着眼睛都能做好，因为他们都麻木了。只有用手工作才能把10年当作一天来过。然而10年过后，他们只掌握了一种工作方法，也就是说，10年来他们在自己的工作上没有任何进步。这对于人才竞争日益激烈的现代人来说，无疑是十分糟糕的。专注的员工不仅要勤奋工作，还要尽善尽美地完成工作，还必须用你的眼睛去发现问题，用你的耳朵去倾听建议，用你的大脑去思考、去学习，把10年真正当作10年来过，那么10年之后，你所具备的才能还怕不被老板所赏识吗？对于一个真正的专注的员工，根本用不了10年，3年、5年就可能得到提拔和重用了。

勤奋工作不是机械地工作，而是用心在工作中学习知识，总结经验，在上班时间不能完成工作而加班加点，那不是勤奋，而是不具备在规定时间里完成工作的能力，是低效率的表现。

再次，自己奖励自己。勤奋总与"苦"和"累"联系在一起，如果长期处于苦和累的环境中，你可能会厌倦，甚至放弃。所以，适时地奖励一下自己是非常必要的。当自己掌握了一种好的工作方法，或工作效率提高了时，不妨去看一场向往已久的演出，或是为自己准备一顿丰盛的晚餐。这样的奖励往往会刺激你更加努力地工作。

勤奋并不是要你一刻不停地干，把自己弄得筋疲力尽只会导致低效率。所以工作累了的时候不妨花上几分钟的时间放松一下，给自己紧张的大脑"换换挡"。

最后，成功之后还要继续努力。勤奋通向成功，而成功很可能会成为勤奋的坟墓。有一项调查表明，许多诺贝尔奖获得者获奖之后的论文篇数远不及其获奖前的一半。成功之后就不再努力的例子并不鲜见。很多人凭借着勤奋努力终于被上司所提拔和重用之后，就觉得该放松一下了——为自己前段时间那么辛苦的工作补偿一下，结果退到了那种好逸恶劳、不求上进的生活中去了。

在取得了一个小目标的成功之后，专注的人要向自己的大目标发起冲击，告诉自己还有更加美好的前途在等着自己，使自己重新振作，继续勤奋，永不满足。

专注的员工具有崇高的责任感

工作就意味着责任，世界上没有不承担责任的工作。责任是员工的立业之本，是组织最需要的一种精神品质。专注的员工都具有崇高的责任感，没有责任感的专注最终会落得一场空。

1982年5月28日，由于一个20岁的铁路工把起道机放在线路上忘记拿下来，然后擅自离开岗位去买冰棍吃，造成一起震惊中外的列车翻车事故。这次事故使10节车厢报废，3名旅客丧生，给国家造成达百万元的直接经济损失。

1996年9月30日上午10时许，河南省某厂退休工人李明金到该县人民医院第一门诊部就诊。门诊部医生诊断李明金为脑栓塞、冠心病、贫血，随后患者接受输液治疗。

中午12时，该医生下班，将李明金的病况转告于值班医生。12时50分，值班医生到街上吃饭。此时李明金病情加剧，便让妻子呼喊医生，楼道里却无一人。如此反复呼叫多次，医护人员还是无一人出现。李明金痛苦异常。待门诊部司药闻讯赶到街上叫来值班医生时，李明金已经气绝身亡。

这两个事故，无疑都是由于没有责任感造成的。

专注的员工都有崇高的责任感，因为他一心想的是在公司坚持工作下去，因为他的成绩好坏直接关系着他的利益。一个朝三暮四的员工肯定不会有责任感的，因为他总是得过且过，当一天和尚撞一天钟。

"我警告我们公司的人。"美国塞文事务机器公司前董事长保罗·本来普说,"如果有谁说'那不是我的错,那是他(其他的同事)的责任',被我听到的话,我就开除他,因为说这话的人显然对我们公司没有足够的兴趣——如果你愿意,站在那儿,眼睁睁地看着一个醉鬼坐进车子去开车,或任何一个没有穿救生衣、只有两岁大的小孩单独在码头边玩耍好了。可是我不容许你这样做,你必须跑过去呵护那两岁的小孩才行。"

"同样地,不论是不是你的责任,只要关系到公司的利益,你都该毫不犹豫地加以维护。因为,如果一个员工想要得到提升,任何一件事都是他的责任,如果你想使老板相信你是个可造之才,最好、最快的方法莫过于积极寻找维护公司利益的机会,哪怕不是你的责任,你也要这么做。"

老板心目中的专注员工个个都具有崇高的责任感,这样的员工主动对自己的行为负责,对公司和老板负责,对客户负责。也只有这样的员工,才能专注于公司的利益,专注于本职工作。

约翰和丹尼尔新到一家速递公司,被分配为工作搭档,他们一直都很认真努力地工作。老板对他们很满意,然而有一件事却改变了两个人的命运。

一次,约翰和丹尼尔负责把一件大宗邮件送到码头。这个邮件很贵重,是一个古董,老板反复叮嘱他们要小心。到了码头约翰把邮件递给丹尼尔的时候,丹尼尔却没接住,邮包掉在了地上,古董摔碎了。

老板对他俩进行了严厉的批评。

"老板,这不是我的错,是约翰不小心弄坏的。"丹尼尔趁着约翰不注意,偷偷来到老板办公室讨好地对老板说。

老板平静地说:"谢谢你丹尼尔,我知道了。"随后,老板把约翰叫到办公室问:"约翰,到底怎么回事?"

约翰就把事情的原委告诉了老板。最后约翰说:"这件事情是我们失职,我愿意承担责任。"

约翰和丹尼尔一直等待处理的结果。老板把约翰和丹尼尔叫到办公室,对他俩说:"其实,古董的主人已经看见了你俩在递接古董时的动作,他跟我说了他看见的事实。还有,我也看出了问题出现后你们两个人的反应。我决定,约翰留下继续工作,用你赚的钱来偿还客户。丹尼尔,明天你不用来工作了。"

承担责任是一个专注员工勇于负责的表现,但承担责任也要分清责任,不能盲目承担责任。

公司对每一件工作都有安排,该谁负责的就由谁负责,不能擅自去做他人的工作;如果争着承担责任,一方面会给责任人带来侥幸心理,另一方面也会给自己带来诸多烦恼。

因此,专注员工都具有崇高的责任感,除了勇于承担有关工作事故的责任,更重要的是完成好工作,包括保质保量、高效以及安全的工作绩效责任,这才是最崇高的责任。

专注的员工对工作充满信心

专注的员工一心想着的都是工作目标,并向着这个目标不断奋斗。当然,在通往目标的过程中,肯定会有许多困难和挫折。所以,专注的员工为了实现工作目标,必须充满成功的信心。也只有充满成功的信心,才会专注地干下去,直到最后取得胜利。

自信表明了对自我能力、优势的认可与肯定,自信可以使专注的员工认为自己有能力冒风险,接受各种挑战和工作任务,提出要求并遵守承诺。自信是专注的员工无论面对挑战还是各种挫折时，或对完成一项任务或采用某种有效手段完成任务时所表现出来的必胜信念。

自信的专注员工通常能坚信自己的各种判断和结论，尽管他人可以给予自己建议、引导和帮助，但是一旦到了下结论的时候，却必须是自己出面，而且不容置疑。他们敢于承担责任，敢于就工作中的问题向上级与顾客提出质疑，他们是职业中的佼佼者，值得每一个员工效法和学习。

自信心是构成专注行为的主要因素之一。

只要不放弃自信，它就能支撑和保证你一心坚持下去。你对所做工作有成功的信心，你就能坚持不懈地干下去；如果你自己心里都没有成功的可能性，你还会坚持没有希望的事情吗？

汽车大王亨利·福特就是很好的例证。

当亨利·福特在底特律生产汽车并进行试车的时候，许多人都冷嘲热讽，认为汽车是昂贵不实用的东西，谁会为了那个"会跑的盒子"掏腰包呢？然而福特并不为所动，并且信心十足地预言："在不久的将来，汽车会跑遍整个地球。"最后，福特的预言成了事实。

在这之后，福特在开发V型引擎的时候又面临着许多困难。福特想要制造一个8汽缸的引擎，当他把图纸出示给技术人员时，遭到了一致反对。技术人员告诉他，根据理论，8汽缸引擎的制作是不可能的。

但福特却坚信可行，他要求不惜花多少时间和代价，一定要开发出来。

在福特的坚持下，整整花了一年多的时间，经过不断研究和试验，技术人员终于突破困境，完成了8汽缸V型引擎制造。

信心代表着员工在工作中的精神状态和对工作的热忱，以及对自己能力的正确认知。对工作充满成功的信心，工作起来就有热情、有冲劲，即使面对失败和挫折,也会勇往直前。

英国有个人人皆知的故事:古苏格兰国王罗伯特·布鲁斯六次被打败,失去了信心。在一个雨天,他躺在茅屋里,看见一只蜘蛛在织网,它想把一根蛛丝挂到对面的墙上,六次都没成功,在经过第七次努力时,终于达到了目的。罗伯特兴奋地跳了起来,叫道:"我也要来第七次!"于是他重新组织部队,反击入侵者,终于把敌人赶出了苏格兰。

相信自己是无往不胜的前提,更是自信的根本核心。

罗纳德·里根从一个普通演员成为美国总统,这中间就是自信和意志在起作用。

里根在22岁到54岁之间,从电台体育播音员到好莱坞电影明星,整个青壮年岁月都是在娱乐圈里,对于从政完全是陌生的,更谈不上什么经验。这一现实几乎成为里根涉足政坛的拦路虎。然而,当从政的机会翩然而至的时候,当共和党内的保守派和一些富豪极力怂恿他竞选加利福尼亚州州长的时候,他毅然决定放弃自己大半辈子赖以为生的影视业,决定开辟人生的新领域。

里根改变自己的人生道路,并非突发奇想,而是与他的知识、能力、经历、胆识分不开的。有两件事树立了里根角逐政坛的决心。一件是他受聘担任通用电气公司的电视节目主持人。为办好这个遍布全美各地的大型联合企业的电视节目,通过电视宣传改变普遍存在的生产情绪低落的现状,里根用心良苦,花了大量时间巡回在各个工厂,同工人和管理人员充分接触,这使得他有大量的机会认识社会各界人士,全面了解社会的政治、经济情况。人们都愿意与他谈论工厂生产、职工收入、社会福利、政府与企业的关系、税收政策等方面的话题。里根把这些话题消化吸收后,通过节目反映出来,引起了社会的强烈共鸣。这为他弃影从政埋下了信心的种子。

另一件事发生在他加入共和党之后。为了帮助保守派领导人竞选参议员和募集资金,他利用演员身份在电视上发表了一篇题为《可选择的时代》的演讲。因其出色的表演才能和鼓舞人心的效果而大获成功,演说后立即募集到了100万美元,以后又陆续收到不少捐款,总数达600多万美元,这篇演说被《纽约时报》称为美国竞选史上筹款最多的一篇演说。

这时传来了令人振奋的好消息,里根在好莱坞的好友乔治·默莫与老牌政治家塞林格在加州竞选议员,意外地大获全胜。这更坚定了他从政的信心。

当信心这一有力的武器掌握在他手中的时候,他发挥了这一武器的最佳效能。他开始利用自己好莱坞美男子的风度和魅力,塑造自己的形象,同时邀请了一批著名的艺界名流为他助阵,结果在竞选活动中大放异彩。尽管在某些人,如一直连任加州州长的老牌政治家布良的心目中,里根只不过是个"二流戏子",无论他的外部表现怎么光辉,也只不过是一个稚嫩婴儿的滑稽表演。而里根却顺水推舟,干脆把自己装扮成一个平民政治家,结果赢得了人们的信赖。

自信要适度,自信需要以能力为基础。盲目自信害处也大。赵国名将赵奢的儿子赵括,年轻时常学习兵法,善于谈兵,父亲也难不倒他。后来赵王让他代廉颇为赵将,他在长平之战中,只知道根据兵法指挥作战,不知灵活处理,因而遭到惨败,部下四十万人全部被俘,自己也被射死。

一个员工无法专注于工作的最大问题往往是缺乏信心,主要包括"告诉自己做不到""怀疑自己无法获得成功""担心自己会失败""觉得自己没有目标和安全感",等等。

一个人的成就,绝不会超过他的自信所能达到的高度。记住这一点。

即使平凡人，也能做出惊人的事业来。

专注的员工能从平凡中创造伟大

专注的员工在工作中都从一点一滴的小事干起，这一点一滴的小事看似平凡，但一直坚持干下去，就会集腋成裘，聚沙成塔，就会从平凡小事中创造伟大的成功。

我们生活在一个浮躁的时代，自我的张扬和个人主义的回归使人们的自我认识不断膨胀，许多人都不愿做平凡小事。

在极其平凡的职业中和在极其低微的岗位上，往往蕴藏着巨大的机会。只要把自己的工作做得比别人更完美、更迅速、更正确、更专注，调动并发挥自己的潜能，圆满地达到工作目标，就能引起上司的注意。这样，职场的锦绣前程也会随之而来。

大卫是一家机械厂的修理工，从进厂的第一天起，他就开始不停地抱怨："凭我的本事，做修理这活太丢人了！"

每天，大卫都对工作抱怨不停，从来没想过用心修理好手中的机器。而与大卫一同进厂的三个工友，从没因工作之小而蔑视它，而是用心做好手头上的每一件事。不到一年，这三个工友有一位被另一家机械厂聘用，另外两位被老板送进某工业大学培训。唯独大卫，仍旧在抱怨声中，做他蔑视的修理工。

无论你从事什么样的工作，要想获得成功，就要积极主动地干好工作中的每一件小事，把工作当回事。如果你像大卫那样，鄙视、厌恶自己的工作，对它投以"冷淡"的目光，那么，即使是从事不平凡的工作，也不会有所成就。伟大的成就要从平凡小事做起，忘记这一条职场规则，永远不可能脱颖而出。

许多人认为自己所从事的工作是平凡的。这一想法,在一些刚走出校园的年轻人身上尤为明显。他们认识不到平凡小事的价值,只是迫于生活的压力而劳动。轻视自己所从事的工作,自然无法投入全部身心,于是在工作中敷衍塞责、得过且过,这样的人在任何地方都不会有成就。

公共汽车售票员干的事恐怕再平凡不过了,但北京市21路公共汽车1333号车的女售票员李素丽却是以专注工作的职业精神,在平凡的岗位上干出了不平凡的成绩,她先后被评为"全国优秀售票员""全国劳动模范",并荣获全国"五一劳动奖章"。淘粪工人时传祥,也在平凡的工作岗位上做出了不平凡的成就,被评为"全国劳动模范"。

工作本身并不能确定从业者的优劣,但是对于工作的态度却能辨别出一个人今后所能取得的成就。然而社会上许许多多的人,却把工作分成三六九等,他们总是固执地认为,某些工作是低贱的,而某些工作却前途无量。

许多年前,一个妙龄少女来到东京帝国酒店当服务员。这是她涉世之初的第一份工作,因此她很激动,暗下决心:一定要好好干!但令女孩万万想不到的是,上司安排她去洗厕所!而且上司对此工作的质量要求特别高,必须要把厕所洗得光洁如新!

洗厕所,而且工作标准如此之高,对于一个刚步入社会的女孩来说,困难是可想而知的。开始时,她只是充满抱怨地干这份工作,因此不断受到上司的指责。于是,她陷入困惑、苦恼之中。这时,她面临着一个抉择:是继续干下去,还是另谋职业?

在这关键时刻,一位前辈及时帮她摆脱了困惑与苦恼,更重要的是帮她认清了工作的态度。这位前辈并没有用空洞的理论说教,只是亲自做给她看。首先，她一遍遍地抹洗马桶，直到抹洗得光洁如新。然后，她从马桶里盛了一杯水，一口喝了下去，竟然毫不勉强。

这位前辈的行动让她痛下决心：做好洗厕所的工作。因为她从前辈喝马桶里的水体会到，工作的好坏直接关系到工作者本身，如果马桶里的水是脏的，受到伤害的是洗马桶者。

几十年光阴一瞬而过，这位洗马桶的女孩成了日本政府的重要官员——邮政大臣。

她的名字叫野田圣子。

专注于平凡小事，坚持不懈地用心做好，照样可以获得成功。

北京便宜坊烤鸭店青年厨师程明生，会做2400多道菜，写了一部20多万字的烹调书。

纺织工人叶慧英改进操作方法，成为织布业的改革家，被评为"全国劳动模范"。

杜德顺从医学院毕业，却到浴室当修脚工，他把书本知识和实践知识结合起来，编写了《常见脚病医术》一书。

四川蓬安县医院清洁工人沈万明精于灭鼠，成了中国医学科学院特约研究员。

湖南省郴州东江水泥厂工人许永善成了著名工程师，写出了专著。

不要轻视自己所做的每一项工作，即使是平凡的工作，每一件事都值得你去做，值得你全力以赴、尽职尽责、认真地完成。小任务能够顺利完成，有利于你对大任务的成功把握。一步一个脚印地向上攀登，才不会轻易跌落。

专注的员工对公司都非常忠诚

在一项对世界著名企业家的调查中，当问到"您认为员工应具备的品质是什么"时，他们几乎无一例外地选择了"忠诚"。他们认为，一盎司忠诚相当于一磅智慧。

专注的员工对公司都是非常忠诚的，因为他们对公司和工作都是一心一意的。忠诚是专注的最好体现。

本·艾柯卡受命于福特汽车公司面临重重危机之时，他大刀阔斧地进行改革，使福特汽车公司走出了危机。后来，小福特因嫉妒艾柯卡的成就，处处排挤他。尽管如此，艾柯卡仍为公司努力工作，亲人和朋友对此很不理解。艾柯卡说："只要我在这里一天，我就有义务忠诚于我的企业，我就应该为我的企业竭力地工作。"

后来，艾柯卡离开了福特汽车公司，但他仍很欣慰自己为福特公司所做的一切："无论我为哪家公司服务，忠诚都是我的第一准则。我有义务忠诚于我的企业和员工，任何时候这一点都不会改变。"

对一家企业来说，员工的绝对忠诚是首要条件。因为一个员工只有忠诚于自己的公司、老板和工作，他的全部智慧和精力才可以专注在这个事业上，这是专注的员工最突出的表现之一。

专注的员工的忠诚首先是对自己的企业忠诚。一家著名公司的人力资源部经理说："当我看到应聘人员的简历上写着一连串的工作经历，而且是在很短的时间内，我的第一感觉就是他的工作换得太频繁了，频繁地换工作并不能代表一个人工作经验丰富，而是更说明一个人的忠诚度，如果他能专注于自己的工作、自己的企业,就不会轻易离开,因为换一份工作的成本也是很大的。"

很显然,没有哪个公司的老板会用一个对自己公司不忠诚的人。专注的员工事事忠诚于企业的领导者,这也是整个企业能正常运行、健康发展的重要因素。著名的麦克阿瑟将军说过:"士兵必须忠诚于统帅,这是义务。"正如工蜂必须忠诚于蜂王,才能确保整个组织的和谐统一一样。

专注的员工必然是个忠诚的员工——热爱本职工作,有强烈的责任感,敢于承担责任,不做任何与履行职责相悖的事,不做有损于企业形象和信誉的事,时时刻刻维护公司的利益。

然而,现在职场上的诱惑、陷阱无处不在,很多为了一己私利,不顾公司的利益,将公司的商业机密卖给别人,但是最后他们的结局又是怎样的呢?为了私利而放弃忠诚,这将会成为个人人生和事业中永远抹不去的污点。

坎菲尔是一家企业的业务部营销员,年轻能干,工作短短两年便晋升为副经理。能够有这样的业绩也算表现不俗了。然而刚刚上任不久,他却悄悄离开了公司,同事们谁也不知道他为什么离开。

坎菲尔在离开公司之后,找到了与他关系不错的同学埃文斯。在酒吧里,坎菲尔喝得烂醉,他对埃文斯说:"知道我为什么离开吗?我非常喜欢这份工作,但是我犯了一个错误,我为了一点儿小利,失去了作为公司职员最重要的东西。虽然总经理对我很宽容,没有追究我的责任,也没有公开我的事情,但我真的很后悔,你千万别犯我这样的低级错误,不值得啊!"

埃文斯尽管听得不甚明白,但是他知道同学很后悔。后来,埃文斯知道了事情的全部真相——坎菲尔被提升为业务部副经理之前,曾经收过一笔款子，业务经理说可以不下账了："没事儿，大家都这么干。你还年轻，以后多学着点儿。"坎菲尔虽然觉得这么做不妥，但是他也没拒绝，半推半就地拿了5000美元。当然，业务部经理拿得更多。没多久，业务部经理就辞职了，后来总经理发现了这件事，坎菲尔不能在公司待下去了。

无论从事什么职业，都应遵守职业道德，而不能见利忘义。忠诚所任职的公司和老板是每个职员的义务，专注的员工更应具备这种品质。

忠诚的员工总是全力以赴地工作，只关注如何比别人做得更好，而不会心有旁骛，更不会中饱私囊。无疑，专注忠诚的员工在哪里都会得到重用。

柯尔是一家金属冶炼厂的技术骨干，由于企业准备改变发展方向，柯尔觉得企业目标与自己的职业目标相抵触，于是他准备换一份工作。

由于柯尔所在的工厂在行业上的影响力以及他自身的能力，他要找一份工作是轻而易举的事情，很多公司很早以前就来挖过他，但是都没有成功，这次是柯尔主动要走，这些公司都认为是获得他的绝好机会。

很多公司对柯尔都给出了很高的条件，但是柯尔意识到这种高条件后面一定隐藏着另外一些东西。柯尔知道不能为了优厚的报酬而背弃自己的原则。因此，柯尔拒绝了这些公司的邀请。最后柯尔决定去全美最大的金属冶炼公司应聘。

负责面试柯尔的是该公司负责技术的副总经理，他对柯尔的能力没有任何挑剔，但是却提了一个让柯尔很失望的问题："我们对你出色的资历和能力都很满意，真心希望你能成为本公司的一员。我听说你原来的厂家正在研究一个提炼金属的新技术，听说你也参与了这项技术的研发，我们公司也在研究这门新技术，你能把你原来厂家研究的进展情况和取得的成果告诉我们吗？你知道这对我们公司意味着什么，这也是聘请你来我们公司的原因。"

"你的问题让我十分失望。尽管市场竞争确实需要一些非常手段，但是我不能答应你的要求，我决不会背叛之前的工厂，尽管我已经离开它了，任何时候忠诚比获得一份工作重要得多。"

柯尔的亲朋好友都为柯尔的回答感到惋惜，因为这家企业的影响力和实力比他原来的工厂要大得多，在这里工作是无数人梦寐以求的，但是柯尔却放弃了这个绝好的机会。

然而，在面试后的第二天，柯尔收到了一封信，在信中那位副总经理这么写道："年轻人，你被录取了，并且是做我的助手，不仅仅是因为你的能力，更因为你的忠诚。"

无论在哪个公司，你都应该保守公司和老板的机密，对公司的各种事情都不能随便张扬，一定要守口如瓶。因为背叛公司和老板，就意味着背叛自己，意味着背负沉重的十字架，一旦心有杂念，必使思想出现波动，不能专一，从而影响自己的工作。

专注的员工绝不寻找借口

专注的员工从不在工作中找任何借口，因为他们总是全力以赴、想方设法完成任何一项上级安排的工作，而不是为没有完成工作去寻找借口，哪怕看似合理的借口。他们总是尽全力配合同事的工作，对同事提出的帮助和要求，从不找任何借口推托。总之，对他们而言，完成好工作永远是第一位的。

甲、乙、丙三只老鼠一同去偷油喝。找到了油瓶，瓶子太高，谁也无法独自喝到油。经过一番商量，三个小家伙采取叠罗汉的方式轮流上去喝油。乙爬到丙的肩上，甲刚刚爬到乙的肩膀上，不知什么原因，油瓶倒了，人被惊醒了，三个小家伙落荒而逃。

回到老鼠窝，三只老鼠开始追究失败的原因。甲老鼠说："我没有喝到油，由于乙老弟抖动了一下，以致我把油瓶也推倒了。"

乙老鼠说："我抖动不是没有原因的，因为我感觉到丙老弟抽搐了一下，责任不能由我负。"

丙老鼠说："两位鼠兄，可没有我什么事，因为我好像听到门外有猫在叫，我抽搐是因为我们的敌人来了。"

"哦，原来是该死的猫推倒了油瓶！"甲、乙老鼠不约而同地说。三只老鼠只是在寻找借口推脱责任，而不是寻找办法弥补过失。实际上，这样的事情不仅出现在寓言里，许多公司也有这样的员工。

在办公室里，我们经常听到有人在问："这是谁的错？"经常听到各种各样的借口。借口成了一个推卸责任的"万能容器"。很多人把宝贵的时间和充沛的精力浪费在寻找一个借口上，而忘记了自己的职责和责任。

在一家企业的季度会议上，营销部经理A说："最近销售业绩不好，我们有一定责任，但是最主要的责任不在我们，而是竞争对手纷纷推出新产品，比我们的产品好，所以我们很不好做。"

研发部经理B说："我们最近推出的新产品是少，但是我们也有困难呀！"财务经理C说："是的，我是削减了你们的预算，但是你们要知道，公司的成本在上升，我们当然没有多少钱。"

这时，采购经理D跳起来说："我们的采购成本是上升了10%，为什么，你们知道吗？俄罗斯一个生产铬的矿山爆炸了，导致不锈钢价格上升了。"

A、B、C说："哦，原来如此呀，这样说，我们大家都没有多少责任了，哈哈！"

人力资源部经理F说："这样说来，我只好去考核俄罗斯的矿山了！"

当公司成员不专注工作时，往往会寻找这样那样的借口。借口往往会给人带来严重危害，让人消极颓废。一旦养成了寻找借口的习惯，当遇到困难和挫折时，不是专心致志、积极主动地去想办法克服，而是去寻找各种各样的借口。工作中没有任何借口，专注的员工都会用心做好本职工作，不会找各种各样的借口进行推诿或拖延。

罗文上校是一个非常专注于本职工作的人，正是因为秉持着"绝不寻找借口，专心做好工作"的行动准则，所以他把信成功地送给了加西亚将军。如果罗文上校随便找一个借口，任何人都不会置疑，因为，这次送信成功的希望是相当渺茫的。

如果企业中的每个人都寻找借口，拖延工作，推诿责任，必使企业竞争力下降，企业就会处于无组织、无目标的状态。

美国西点军校200年来奉行着一条非常重要的行为准则——NO EXCUSE！（没有任何借口）这是西点军校传授给每一位新生的理念。在这个教育观念下，西点军校培养了一大批专注于本职工作的军事人才和商业精英。

"绝不寻找借口"对提高业绩无疑是一剂强心剂。对每个员工说，如果贯彻专注的职业精神，抛弃任何借口，这样，你的工作不但会取得很大突破，而且在这种工作理念的支撑下会走向自己职业生涯的顶峰。

专注的员工善于利用自身优势

成功心理学的理论告诉我们，判断一个人是否成功，最主要看他是否最大限度地发挥了自己的优势，这也是一个人在职场上成功的重要依据。

专注本来就是一个员工的最大优势，而且这个优势并非是天赋，只要一个员工愿意专注工作，他就能够做到，并能发挥出专注的神奇力量。

专注的员工都善于利用自身优势，每个人都有自己的特长、优势，如果在工作中能发挥自己的优势做事情，必能得心应手。反之，强迫自己干一些干不了的事只能增加失败感，从而失去继续工作下去的信心与兴趣，最后导致对工作三心二意，这是很多员工工作平庸的重要原因。

有一天，动物世界决定做件伟大的事，以便迎接所谓的"新世界"，所以它们创建了一所学校。

学校内教授的课程包括跑步、爬行、游泳及飞行。为了方便管理，所有的动物都必须参加每一项课程。

鸭子在游泳项目上的表现非常突出，甚至比老师还优秀，但在飞行方面，它的成绩只是刚好及格而已，而跑步的成绩更是惨不忍睹。因为它跑得太慢，所以放学后它必须留下来练习跑步，它不断地练习，直到它那有蹼的脚都磨破了，但却仍然只有游泳一项及格。

开始时，兔子跑步的成绩在班上名列前茅，但不久后，它便因为游泳前烦琐的化妆工作而感到神经衰弱。

小松鼠本来在爬行课程上表现非常优异，但有次上飞行课时，老师要求它从地面起飞取代从树梢上滑落，造成它心理上极大的挫败感。后来它因运动过度导致肢体痉挛，使它的爬行及跑步课程只得了70分。

老鹰是一个问题"儿童"，因此被严厉地惩罚。以爬行课程做例子，它不但打败其他同学先到树顶，同时也坚持用自己的方式。

一学年结束后，一只在游泳、跑步、爬行方面表现极佳，而且稍微具有飞行能力的奇特鳗鱼，平均分数最高，成为毕业代表。

土拨鼠拒绝入学，同时也反对纳税，因为学校未将挖掘列入课程。它们将自己的小孩送到獾的地方学习，后来土拨鼠及地鼠也纷纷加入，成立了一个成功的私立学校。

这个寓言故事是否给了我们一个有益的启示呢？

韩涛在公司营销部专心致志地工作了6年，眼见与他差不多时间进入公司的同事一个个地加薪或晋升，唯独他还在"原地踏步"，为此他感到不满与焦虑。他的经理也满腹怨言，认为韩涛的阐述不得要领，常常在不相干的问题上喋喋不休……

韩涛于是向职业咨询师求教。经过多次诊断和情境分析，职业咨询师发现他是个典型的阅读者。如果要求他草拟、制作商场的年度促销企划案，他能够顺利完成；但若让他与部门其他同事共同参加部门经理工作会议，各自阐述各个企划方案的核心及实施要点时，即使他的企划方案比其他同事出彩，但最终他还是会被淘汰"出局"。如果让他以书面形式回答部门经理的提问，他却能够直奔主题。

阅读者很难成为优秀的倾听者，反之亦然。因此，若想获得职业的成功，你首先要学会识别、发现自己天生的才干与优势。

诺贝尔奖获得者无疑都是取得杰出成就的人士，总结其成功之道，除了具有超凡的智力与努力之外，他们善于职业生涯设计这点不能不说是十分重要的。他们在职业生涯设计中把握住了关键的一条，那就是根据自己的长处决定终身职业。

如爱因斯坦的思考方式偏向直觉,他就没有选择数学而是选择更需要直觉的理论物理作为事业的主攻方向。

专注的员工之所以能高效地完成工作,是因为他们知道自己的优势是什么,并知道如何运用自己的优势。对于自己具有优势的工作,在做这类工作时几乎是自发地、无师自通地就能将其完成得很好。

专注的员工善于控制情绪

喜怒哀乐最影响工作。而专注的员工是善于控制自己的情绪的,他们不以物喜,不以己悲,一心投入到工作中,尽量控制自己的情感,尽量减少干扰因素,从而达到最佳的工作状态。

鲍伯·琼斯是一个高尔夫球神童。1967年,年仅5岁的他就开始打球了,12岁时就取得了低于标准杆打完全场的好成绩。

琼斯14岁时,就有资格参加全美业余高尔夫球比赛,不知什么原因,他那次并没取得成功。因此,他经常发脾气,尽管他还在坚持打好每一杆,但他的球技却受到了一定的影响,还得了个"俱乐部喷火器"的绰号。若长此下去,琼斯的后果不难想象。但他很幸运,一位高尔夫前辈告诫他说:"如果你想取得辉煌的成绩,控制自己的情绪是唯一途径。"琼斯听取了这位前辈的忠告,开始注意控制自己的情绪。

琼斯21岁时,他终于成功了,成为美国历史上最伟大的高尔夫球员之一。28岁在赢得了高尔夫大满贯之后,琼斯就引退了。

从鲍伯·琼斯的经历可知,情绪是影响工作业绩的关键因素之一。只有恰当地控制自己情绪的人,才能专注于自己的工作。如果不能控制自己的情绪,就会受到情绪的支配,从而不能积极主动地专注于工作。

受情绪控制的人对欢乐和痛苦的体验都比常人强烈很多倍，每次情绪在高峰和低谷回荡时都是对他意志的考验。每次面临新的机会时，就意气风发，雄心勃勃，盲目乐观；当困难袭来时，就变得垂头丧气、三心二意，在强烈的心理打击面前认输和气馁的员工，恐怕没有哪个公司的领导会加以信任和重用。

在现代职场中，很多人之所以工作平庸，很重要的一个原因就是他们无法控制自己的情绪。他们每天早上起床，便背上沉重的"情绪包袱"——天空总是灰色的，太阳总是惨淡的，心里堆满了情绪"垃圾"，脸上阴云密布。

不难想象，在这种精神状态下，工作肯定会屡屡犯错。于是，他所抱怨的倒霉事就会连连出现。如此一来，他背着"情绪包袱"进入了一个恶性循环的怪圈。

宇，能力非凡，工作积极主动、勤奋，就是因为无法控制自己的情绪而多次失去了升迁的机会，他能出色地完成工作，却因为自己的坏习惯，让同事难堪、窘迫，甚至伤害了别人的自信心和自尊心。

前一段时间，宇因为没能控制住自己的坏情绪而从公司辞职了。事情本来很简单，那段时间宇正准备买房，由于一点小分歧与妻子闹了意见，这本来没有什么大不了的，但宇却没有处理好。

第二天上班，宇心里总琢磨这件事，正巧老板那天让他做一个很重要的项目方案。

宇由于心不在焉，出现了许多不应该的错误。老板便批评了他几句，心情本来就很坏的他再也无法容忍了，愤愤不平地对老板说："行了，你犯不着这样对我，我不干了！"然后摔门而去。

宇在这个公司工作已3年了，领导很了解他，也很重视他，但他却因为一时的情绪激动而毁掉了自己奋斗3年的成果。宇的经历告诉我们，无论你遇到什么事，都不要把情绪带到工作中，尽量以最佳的精神状态投入到工作中。

控制情绪并不是抹杀自己的情感，而是要求自己放松情感，不要让情感纠缠自己。控制情绪有两层意思，一层是不把情绪带到工作中去，另一层是不受外界情绪的干扰。这是能专注工作的保障之一。

专注的员工善于自制

人都是有喜怒哀乐的，然而专注的员工，一旦情感出现波动，很快就会自制住，并在工作中慢慢平和心态，全身心地投入到工作中。

所谓自制力，就是无论你是否想做某些事情，你都应该为了美好的前程而尽心尽力去做，而并非凭着喜怒哀乐去做事。专注的员工具有极强的自制力，把自制作为指引自己行动的平衡器。

14世纪，在比利时有个名叫罗纳德三世的贵族，是祖传赐封的正统公爵，他弟弟反对他，把他推翻了。弟弟需要摆脱这位公爵，但又不想杀死他，便想了一个看上去有点儿像游戏的办法。罗纳德三世被送进牢房后，弟弟命人把牢房的门改装得比以前窄一点。罗纳德三世身高体胖，胖得出不了牢门。弟弟许诺，只要哥哥能减肥，自己走出那间牢房，就不仅能获得自由，连爵位也能恢复。

但罗纳德三世不是那种有自制力的人，他弟弟非常清楚这一点。每天，弟弟派人送去很多美味佳肴，罗纳德三世来者不拒，大吃大喝，结果，他不但没有减肥，反而更胖了，直至老死也没走出牢门一步。

从这个故事可知，一个有才华的年轻人，如果缺少了自制力，就好像穿上溜冰鞋的八爪鱼，尽管他花费大量的精力和时间，还是在原地打转。

自制是专注的员工自我管理中一个很突出的表现。没有自制力，也就无法全心全意地干本职工作，个人也无法取得成功。

在20世纪50年代后期，戈登·麦克唐纳和比尔·图米同时在美国科罗拉多大学就读，并一起参加田径队的艰苦训练。毫无疑问，训练十分辛苦与劳累。每当训练结束，戈登总是筋疲力尽，步履蹒跚地走到更衣室。但比尔却不一样，他总是在训练场的草地上休息。20分钟后，就在戈登冲澡的时候，比尔又开始重复训练过的项目。

说句实话，比尔并不具有出类拔萃的运动员天赋。他在科罗拉多大学上学期间，从未得过一枚全国大专院校锦标赛的奖牌。但比尔坚信：我不是伟大的运动员，但我奉行"专心"与积累；虽然到目前我还未取得大的成绩，但坚持不懈却能让我越来越突出。

随着时间的推移，比尔的专注和自制得到了回报。1966年他创下了十项全能世界纪录，1968年奥运会又获得了一枚金牌，还曾连续五次获得美国十项全能冠军。

我们再来看戈登，他没有比尔那样坚定的自制力和进取心，他惧怕困难，得过且过，最终毫无名气。

专注的员工的自制力宛如受到控制的火焰，它能制造天才，自制力强的人能勇于接受精神和肉体上的磨炼，而并非沉溺于舒适的环境中；在各种压力下，自制力强的人能接受挑战，在合适的时间，为了适当的欲望，专注于需要做的事。此外，自制力强的人不会让情绪支配自己的行动，而是让行动支配自己的事业。

专注的员工勇于创新

在日常工作中,如果我们因循守旧或墨守成规,缺少新的思路和创新精神,只躺在原有基础上睡大觉,那么最终会被企业淘汰。一个人若要想获得成功,就要有创新的精神。

创新精神不仅对一个人的形象、声誉、能力和前途有利,也会对企业十分有利。拥有创新精神,不论我们的建议是否被采纳,企业领导都会感到我们对企业的热诚和责任感,因为企业领导深知这种勇于创新和敢于尝试的创新精神,对于企业的发展是至关重要的。

请看看小赵的创新故事吧!也许你能获得许多启迪。

小赵是一家电子厂的新员工,由于他新进电子厂,所以十分喜欢好奇地研究车间使用了多年的产品生产线。有一天,正在生产线上仔细观察的小赵有了一个惊奇发现,就是把水滴到带高压静电的生产线上后,通过手持测压仪进行测试,静电就能由上百伏降到几十伏。小赵由此确定,该方法能够解除静电对电子元件的危害。

原来,在当时的电子生产行业中,都知道静电是个无形的杀手。当生产线的工装板和尼龙轮相互磨擦后,所产生的静电常常高达几千伏,而脆弱的敏感器件在生产线上运行时,很容易被这么高的电压损坏。而该电子厂生产的一部分敏感器件也都会在带高压静电的生产线上遭受严重损坏。

当小赵将这一发现及时上报后，当班领导并没有赞赏和重视，但小赵却发誓要在这一发现上花费大精力去研究，要直到搞懂它。三年过去了，立志于研发"滴水经历"的小赵已由原来的新员工历练成一名老员工了。小赵在工作之余，在经历数千次的实验失败后，他依然十分乐观，并积极地继续研究着。

在克服了种种困难后，小赵虽然没有找到关键解决途径，但由于他的坚持与努力，从数千次的实验中，他成功总结出一套"静电强弱与潮湿度有关"的科学理论。

由于小赵文凭较低，只是车间的普通员工，他这套理论并没有得到当时学界的认知。

但是，小赵却认定自己的发现会给企业带来巨大收益，只是缺少关键步骤的完善和实际有效的降压装置罢了。带着这个乐观向上的想法，小赵在接下来的一年时间里加倍钻研。

为了让自己的想法早日成为现实，小赵购买了大量相关学术性书籍，没日没夜地学习专业知识，有不懂之处，他就上网咨询或查阅。

有一天公休，为了求证研究环节上的一个想法，他把自己关在房间里，不吃不喝，从凌晨四时一直钻研到晚上九时。终于，小赵异常兴奋地从房间里冲出来高喊："成功了！"他手里捧着刚组装成功的"静电消除器"朝门外飞奔而去。

小赵一路飞奔，径直跑到公司经理的宿舍门前，他敲开经理的门，当着一脸茫然的经理，急匆匆地解说并演示着手中的仪器。终于，经理听懂了小赵的意思，并答应他第二天上班就验证他的发明。

第二天上午九时,经理把科研部所有员工都叫到车间生产线旁,认真地看着小赵演示他手中奇怪的仪器。当大家看到测压表上显示的数据为最低安全值时,在场的所有人都惊呆了。

后来,小赵将该项发明无私地奉献给了企业,并在企业生产线上装配了"静电消除器"。自这设备安装之日的一年时间里,共为企业节省了上千万元的设备报损费,还大大加快了企业的生产效率。于是,企业将此项发明以小赵的名字来命名,并进行大量装备,为企业带来了良好的效益。

从上述案例中可以看出,小赵坚持不懈的创新精神是很值得我们学习的。作为员工,虽然不是搞发明创造的,但只要你具备了持之以恒的创新精神,即便搞一些小型技术革新,也能为企业带来一定的创新收益。

那么,要培养我们的创新精神,应该从哪些方面做起呢?

不断给自己充电

虽然我们现在拥有很多的专业知识,或者具有较高的学位以及各种相关证书,但是,我们也不能停止对知识的追求。毕竟学无止境,知识是学之不尽和用之不竭的啊!

事实上,我们在企业里具备的那些优越条件,其他优秀员工也同样具备,我们若要从众多优秀员工中脱颖而出,那就要抓紧时间扩大自己的知识领域,为创新打下坚实的知识基础。

要有良好的敏感度

拥有创新精神的人都有良好的敏感度,所以我们对周围的事物要有敏锐的观察力和感知性。虽然灵感往往稍纵即逝,但只要我们能敏锐地抓住它,就会创新成功。无论从事何种职业,都离不开与包罗万象的社会进行接触，有接触就会有碰撞，有碰撞就会产生火花，这一刹那的火花，就可能是我们的一个新创意。

创新要与现实合拍

创新精神要依附于领导意见或企业利益。其实，一般领导都是喜欢创新和进取者的，那么我们不妨多做一些创新尝试，无论试验成功与否，只要能通过我们的创新为企业带来现实利益并赢得领导认可，企业和领导都会认同我们是个有能力的员工。

在工作中贯彻创新思维

我们必须树立"以变求胜"的态度去关心企业，这其实就是一种创新的思维。当我们长时间处于安逸的工作环境中，就会失去追求创新挑战的激情。所以，我们应该在工作中多看多听，然后将看到或听到的再多想，如"能不能这样"或"能不能那样"。只要我们展开想象，创新的思路就会打开。

敢想就要敢做

创新精神其实就体现在我们的勇敢上。勇敢地去想，勇敢地去验证想法，直到想法被验证后，也要勇敢地呈报给企业领导，并让企业领导认可，最终将我们大胆的想法用于企业的生产实践，直到为企业创造最大的效益，这样的创新才具有一定的价值。

专注的员工会永远热情地工作

专注的员工所从事的工作都是长期的枯燥无味的，只有永远保持高度的工作热情，才能坚持不懈地永远干不去，直到最后的胜利。

热情，就是一个人保持高度的自觉，就是把全身的每一个细胞都调动起来，完成自己内心渴望完成的工作。热情是一种积极进取的力量。正如拿破仑·希尔所说："要获得这个世界上的最大奖赏，你必须拥有过去最伟大的开拓者所拥有的将欲望转化为有价值的热情，以此来发展和推销自己的才能。"

著名人寿保险推销员法兰特·派克正是凭借着热情，创造了一个又一个奇迹。当法兰特刚转入职业棒球界不久，便遭到有生以来最大的打击——他被开除了。球队的经理语重心长地对他说："你这样漫不经心，哪像是在球场上混了20年的球员。法兰特先生，无论在哪里做任何事，若没有热情，你永远也不会有出路。"

离开之后，法兰特参加了亚特兰克斯球队，但月薪却从125美元减为25美元。薪水如此少，法兰特更没有做事的热情了，但他决心改变现状。大约10天之后，一位老队员介绍他到拉达斯球队。在入队的第一天，法兰特发誓要让自己成为英格兰最具热情的球员。

奇迹出现了，法兰特真的做到了。用他自己的话说："我一上场，就好像全身带电一样。我强力地击出高球，使接球的人双手都麻木了。记得有一次，我以强烈的气势冲入三垒，那位三垒手吓呆了，球漏接了，我就盗垒成功了，当时气温高达40℃，我在球场上奔来跑去，极有可能中暑而倒下去，但我丝毫没有畏惧。"

"这种热情所带来的结果十分吃惊，我的球技出乎意料地好。同时我的热情也感染了其他队员。另外，在比赛中和比赛后，我感到自己从来没有如此精力充沛过。由于对工作和事业的热情，我的月薪由25美元提高到175美元，整整多了6倍。"在后来的两年里，法兰特一直担任三垒手，薪水是当初的30倍。为什么呢？就是因为他内心迸发的强烈热情。

后来，由于手臂受伤，法兰特不得不放弃打棒球，他来到了菲特列人寿保险公司当保险推销员，可是整整一年都没有成绩。但是他并没有泄气，而是像当年打棒球一样，对工作充满热情。很快，他就成了保险界的大红人。他说："我从事推销30年，见到过许多由于对工作保持热情的态度而收入成倍增加的人；也见过一些由于缺乏热情而走投无路的人。我深信热情的态度是成功推销的最重要的因素。"

永远热忱地工作是专注的员工的主要表现。他们对工作倾注全部的热情，充满活力，能够在工作中得到乐趣。

然而，现在职场中许多人把工作当成"苦差事"，把工作的价值只停留在报酬的高低上，这样一来他们很难持久地保持工作的热情。其实，专注工作，就必须拥有足够的热情。没有工作热情的人，绝不可能专心致志地工作，更不会有骄人的业绩。

杰克·乔治小时候生活在纽约州的贫民窟。由于家境贫寒，他中学毕业后就参加了工作。

幼年的贫困生活深深地刺激了乔治，他一心渴望找份赚大钱的工作。但是，这是不现实的。因此，尽管他开过货车，当过送货员、推销员，换了不少工作，但是他都觉得不满意，于是养成了得过且过、混日子的心态。

有一次，杰克的父亲语重心长地对他说："你为什么总不能安下心来干下去呢？""我也不想东游西荡的，可我得找一份有前途的工作！"

"前途？只要一心一意地做下去，不管什么工作都适合你，也都有前途。如果你总以为下一份工作会更好，而不把手头的事做好，你永远也不会有光明的前途。现在，最要紧的是，你要有一份稳定的工作。"

就这样，杰克怀着无可奈何的心情去一家运输公司上班了。老板是一个很和气的长者，这正合杰克的胃口，因此工作兴趣也随之提高。那些日子，杰克异常辛苦，天天加班，有时还帮工人搬运货物。杰克以经营自己事业的热情不断工作，因此一年后杰克被提升为经理。

每个专注的员工都应有火焰一般的做事热情，当然，必须控制火焰的方向。在工作中，不要盲目地工作，因为没有目标的热情，犹如在黑暗中远征，那也只能是空有热情。

专注的员工注重执行力

专注即代表着完美的执行力，专注的员工能全心全意地实施管理阶层的决策、任务等，从不寻找借口或抱怨什么，具有极强的任务意识和执行力。

全球顶级风险投资商孙正义曾说："三流的点子加上一流的执行力，永远比一流的点子加上三流的执行力更好。"

执行力，就是完成任务的能力。作为一个团队或者一名员工，在完成上级交付的任务时就必须具有强有力的执行力。

执行力是左右企业成败的重要力量。管理者和员工的执行力差，将会直接导致他们在贯彻企业经营理念、实现经营目标上大打折扣，影响企业的发展。凡是发展快且发展好的世界级企业，都是执行力强的企业。

联想集团，中国最优秀的企业之一，也曾因基层和中层执行不力而险遭崩盘。联想在1999年进行ERP改造时，业务部门没有全力配合，使优化的流程设计没有深入、长久下去，联想险些瘫痪。

没有执行力，就没有竞争力。我国东北一家国有企业破产，被日本某财团收购。厂里的人翘首盼望着日方能带来让人耳目一新的管理办法。出乎意料的是，日本人来了，却什么都没有变——制度没变，人没变，机器设备没变，日方只有一个要求：把先前制定的制度坚定不移地执行下去。结果怎么样呢？不到一年企业就扭亏为盈。日本人的绝招是什么？执行，彻底执行。

专注的员工都具有优秀的执行力——立即行动，从不阳奉阴违，或者拖拖拉拉。

在各级组织中，总有一些成员对工作拖拖拉拉，习惯了马马虎虎，习惯了得过且过，不能将好的思想落实到具体的执行上，导致好的思路和策略变成空谈。安排工作不到位，执行任务拖拖拉拉，这些就是公司执行力败落的表现。

作为专注的员工，无论做什么事情，都全力以赴地完成任务，专心于自己的责任；无论在什么工作岗位，都专心致志地负责自己的工作，从不会有什么抱怨和借口，这就是专注员工的专注执行。

作为专注的员工，必须学会很好地执行。既要埋头拉车，也要抬头看路。既要正确理解上级的决策，又要在工作中灵活执行。不要拘泥于上级的决策而死板执行，要创新上级决策而开拓执行。执行的目的只有一个，那就是更快更好地完成工作和创造效益。

第三章　如何树立专注精神

专注与放松，是同一枚硬币的两面而已。一个人对一件事只有专注投入才会带来乐趣。一旦你专注地投入进去，它立刻就会变得生动起来。而一个人最美丽的状态，就是进入那个鲜活生动的状态中。

与企业的命运连在一起

专注精神是现代职员打造锦绣职场前程的根本保证。因此，树立专注的职业精神势在必行，它不仅是现代企业的需要，更是个人职场前程发展的需要。那么，如何培养自己的专注精神呢？首先应该培养自己时刻关注企业命运的意识，把个人的命运与企业的命运连在一起，这是很重要的一个方面。

自然界中豆科植物的根部生有根瘤菌，这种菌具有固氮的功能，为豆科植物提供了丰富的营养；同时它又借助豆科植物获得了生存的空间，这种相辅相成、相依相生的现象在生物学中称为共生现象。企业与员工之间也是靠这种共生现象而生存的。

当你选择一个公司并成为其中一员的时候，这就意味着你踏上一艘驶向成功码头的轮船，包括你自己、公司老板以及其他员工都是同一条船上的乘客，在未来的风雨岁月中，水手只有全力以赴地保障轮船的安全，专心致志地使其在航道上平稳行驶，同舟共济，大家才能驶向成功的彼岸。

萨苏尔在芝加哥一家有名的广告公司工作，公司总裁迈克·约翰逊年纪比萨苏尔稍微大几岁，管理精明，为人亲和。萨苏尔进入公司后不久，便由于杰出的工作能力被提升为总裁助理。在商务谈判中，萨苏尔的谈吐令许多客户所钦佩。

尽管自己是凭借工作实力获得提升的，但萨苏尔仍对总裁心存感激之情，心里暗暗发誓：我一定要把全部精力都聚集到公司的事业上，与公司共命运！

当时，公司正在策划一个大项目——在城市的各条街道做广告。每条街上都有几十个广告位，全市至少有几千个。很显然，效益是相当可观的。

可是，半年以后风云突变。当全套审批手续下来的时候，公司却因资金缺乏，完全陷入停滞状态，银行也拒绝伸出援助之手。

就在这个困难时期，萨苏尔建议道：“可以向全体员工集资。”总裁笑笑，无奈地拍拍他的肩膀说：“能集多少钱？公司又不是几十万就能摆脱困境，集资几十万只是杯水车薪，连一个缺口都堵不住。”

当约翰逊总裁召集全体员工陈述公司的现状时，一下子人心涣散，再没有几个人专心做好自己该做的事情了，更有甚者开始寻找"下家"。在支付了当月工资不到一个星期，公司只剩下屈指可数的几个员工时，有人高薪聘请萨苏尔，但他说：“公司前景好的时候，给了我许多，现在公司有困难的时候，我得和公司共渡难关。只要约翰逊总裁没有宣布公司倒闭，我是不会离开公司的，哪怕只剩下我一个人。”

不久，公司只剩下萨苏尔一个人陪约翰逊总裁了，总裁歉疚地问他为什么要留下来，萨苏尔微笑地说：“既然上了船，船遇到惊涛骇浪，咱们就应该同舟共济。”

街道广告属于城市规划的重点项目，他们停顿下来以后，在政府的催促下，公司将这来之不易的项目转让给另一家大公司。在签订合同的时候，约翰逊提出了一个条件：萨苏尔必须在该公司里出任项目开发部经理。

约翰逊向那家公司郑重地说："这是一个很难得的人才，无论在何时都能与你风雨同舟。把自己的命运与公司的命运紧紧连在一起的人，只会心无旁骛地为公司的发展而积极主动地工作，这是世界上最可贵的人才。"

新公司的总裁握着他的手微笑着说："这个世界上能与公司共命运的人才非常难得，或许以后我的公司也会遇到各种困难，我希望有人能与我同舟共济。"

萨苏尔在以后的30年里一直没有离开过这家公司，而且一直坚持不懈地努力工作，如今他已经成为这家公司的副总裁。

当问到萨苏尔为何如此专注的秘诀时，他说："员工与公司的关系是'一荣俱荣，一损俱损'，个人专心致志地工作，必能加强公司在行业中的竞争力。公司发展了，个人的利益和发展才有保证。希望每一位员工都能把自己的命运与企业的命运紧紧连在一起。"

在投资方面，专家告诉我们："不要把所有的鸡蛋都放在同一个篮子里。"但在工作上，我们应该把所有的"鸡蛋"都放在同一个篮子里，因为专注一个"篮子"很容易，但专注多个"篮子"，只能使自己过多地浪费时间和精力，最终也不会有太多的收获。

作为组织的一员，只有与公司同甘苦共患难，才能赢得上司的信任。而且，每个员工只有把企业的命运看作自己人生的命运，才会全心全意地工作，换句话说，只有与公司共命运的人，才能有专注工作的精神，也才能有锦绣的职业前程。

其一，为公司创造利益。在今天的职场中，每一个公司为生存和发展都秉承着"利润至上"的原则。因此，作为员工，首先要考虑的就是自己能为公司带来什么。

每个员工都要全力以赴，这是每个员工的责任和使命。一旦一个员工在心里有了这种使命感和责任感，并习惯基于这种理念行事，那么一定会为公司创造最佳效益。因此，千万不要以为只要做一个听老板话的员工就够了，你应把为公司创造最大利润作为最重要的目标。

其二，为公司节约。今天很多行业都充满了激烈的竞争，而且各个行业都进入了微利时代。

公司要想获利必须节约成本。然而，在一些公司里，很多职员有时候总是大手大脚，甚至想方设法从中谋取私利。

其三，无论公司遇到什么困难，永不后退。一旦听到公司遇到什么危机就辞职不干的人，是难以获得成功的。一个能够时刻与公司共命运的人才能获得最多的成功和奖赏。

只有把公司的命运与个人的命运紧密相连，才能大河有水小河满，否则就是大河无水小河干。

要有企业主人翁的精神

无论何时何地，专注的员工总把工作当成自己的事业来经营，时刻以企业的主人身份维护企业的利益。企业主人翁精神是员工树立专注的职业精神的一个不可或缺的重要方面。

在谈到应该给年轻人什么样的忠告时，美国钢铁大王安德鲁·卡耐基认为："无论在什么地方工作，都不应把自己看成是公司的一名员工，而应该把自己看成公司的主人。"

某山区野兔横行，附近居民伤透了脑筋，在采取了各种措施而未见成效之后，他们决定邀请猎人约翰前来猎杀。约翰猎名赫赫，倒不是因为他弹无虚发，而是上帝给了他两样从猎的宝贝：一双能听懂狗叫的耳朵和一只凶猛无比、能领悟人言的猎犬吉姆。

约翰果然身手不凡，来了一周，毫无戒备的兔子们便尸横遍野！居民们连连竖起大拇指夸耀约翰的枪法。原本打算留几只野兔的约翰被奉承得不辨东南西北，便决定将最后几只幸存的兔子也猎杀殆尽。

遭遇了这场血腥的屠杀，劫后余生的几只野兔明白遇到了劲敌，于是昼寝夜行，即使觅食也左顾右盼，稍见草动便溜之大吉。约翰和他的吉姆工作一天却一无所获，约翰逊觉得名声受了损害，便常常责怪吉姆。吉姆自然不服，汪汪地表示抗议。

第二天，约翰开始对附近山区进行地毯式搜索。约半个钟头，一只隐藏在草丛中的野兔被约翰发现，他毫不迟疑举枪射击，"砰"的一声，兔子的后腿被打中了。"吉姆，快抓住它！"望着中弹而逃的兔子，约翰坐在一块石头上一边点烟一边给吉姆下达指令，轻松的表情仿佛那只兔子的命运已定。"任何兔子都逃不出吉姆的追赶，别说一只瘸腿的家伙。"约翰得意地吐着烟圈，等着吉姆胜利归来。

不久，吉姆垂头丧气地回来了，显然未能完成任务。

"该死的吉姆，那只兔子呢？""汪汪！我已经尽力而为了！"面对责骂，早已心怀不满的吉姆大声抗议道。就在约翰责骂的同时，那只瘸兔子与它的同伴也正探索着自己劫后余生的原因。"猎狗为何没追上你？""因为我是在为挽救自己的生命而奔跑，我只能竭尽全力；而它却是在为完成主人的任务而奔跑……"

这个故事表明，员工只有树立企业主人翁的精神，才会全力以赴地努力奔跑。一旦你把自己当成企业的主人，就会对自己的所作所为负责，持续不断地寻找解决问题的方法，主动克服生产过程中和业务活动中的障碍。也只有这样，你才能在企业中脱颖而出。因为在一个大家庭中，每个成员会自动自发地、全力以赴地贡献一己之力。

首先，要以老板的心态要求自己。如果你把自己当成公司的主人而不是雇员，你就一定会把工作质量与业绩提高到更高档次；你也一定可以找到更恰当的方法来做到这一点。

许多雇员有着非常出色的能力，甚至比老板还要出色得多。但是多年以来他们一直是平庸的职员，因为他们始终抱着这样的心态："我为什么要去做更多的工作呢？我为什么要承担更多的责任呢？我要考虑的只是我自己而非别人。我要尽情享受生活，而不是自寻烦恼。"

每一天都以老板的心态要求自己吧！你将会因此而不同，因为老板的心态将调动你自动自发地专注工作。

其次，把公司的事当成自己的事，全心全意地投入到工作中去。在现代的企业组织中，工作范围的界定是很模糊的，老板最看重把公司的事情当成自己的事情的员工。因为当某位员工失职时，他不会眼睁睁地看着情况继续恶化下去，而是想方设法进行补救。一个员工的工作士气需要自己去保持，只有你自己，才能为你的能源宝库注入充沛的活力，为自己创造一流的工作能力。如果每天在上班时"混"工作，这样的人是很难生存的，是缺乏企业主人翁精神的表现，损害的不仅是企业，更是员工自身的职场前途。

追求尽善尽美的工作业绩

专注的员工不仅要埋头工作，更重要的是创造最大的经济效益，追求尽善尽美的工作业绩。我们须知，只要采取最佳的工作方法，就能创造最佳的经济效益。因此，我们埋头工作时，也要研究工作方法，采取开拓创新的方法获取最大的利润。

IBM是一家"让工作业绩来说话"的大企业，在世界500强中，绝大部分公司都以工作业绩作为评价员工的标准。作为专注的员工，不但要一心扑在工作上，更应该在工作的每一阶段，都能找出更有效率、更经济的方法，全力以赴地提升自己的工作业绩，创造更大的经济效益。

作为一般员工在树立专注精神时，应以追求尽善尽美的工作业绩为前提，因为一个以工作业绩为导向的员工，不会轻易放弃他坚守的信念；在挑战与压力面前，他会勇敢无畏、尽心尽力，能控制和管理自我。这是那些三心二意、工作散漫的员工所无法比拟的。此外，以工作业绩为导向的习惯能让人从工作中体会到快乐。

一位成功学家曾聘用两名年轻女孩当速记员，替他拆阅、分类信件，两个女孩都很敬业。刚开始，两个女孩完成的工作质量与数量都很高。但是没几天，其中一个松懈下来，不再追求尽善尽美的工作业绩。不到一个月的时间，她便觉得这份工作毫无乐趣，开始应付了事，结果她被解雇了。

另外一个女孩仍然坚持以尽善尽美的工作业绩为导向，为了能把这份工作做得更好，她认真研究成功学家的语言风格，并依此风格给读者回信。

她一直坚持这样做，并不在意老板是否注意到自己的努力。

其实，对于她任何一点儿的努力，老板都看在眼里。半年之后，办公室的秘书因故辞职，在考虑合适人选时，老板自然而然地想到了那个专注工作的女孩。

没有哪个老板会喜欢三心二意的员工。既能专心致志又业绩斐然的员工，是最令老板倾心的。如果在工作的每一阶段，总能找出更有效率、更经济的办事方法，你就能提升自己在老板心目中的地位。

无论做什么工作，始终追求尽善尽美的工作业绩，将使你成为公司里一位不可取代的重要人物。如果你仅仅专心致志，总无业绩可言，每天把24小时都用来工作也不会有什么用。因为受利润的驱使，再有耐心的老板，也绝难容忍一个长期无业绩的员工。否则，即使你专心不二，仍在"精雕细琢"地工作，老板也会转而去寻找工作业绩突出的员工。

一个企业要想长期发展，归根到底是依靠不断增长的业绩。因此，一个成功的老板背后，肯定有一队专注工作且业绩突出的员工。没有这些专注的员工，老板的辉煌事业就无法继续下去。所以，作为职员，应该全力以赴地扑在工作上，并以更高的做事效率完成任务。

我们应该如何提升自己的工作业绩呢？关键是出色地完成每一项工作。无论在工作中，还是在日常生活中，我们都应有一种全力以赴、精益求精的工作习惯。因为只要我们对自己所做的一切精益求精、顽强奋斗，我们一定会磨炼出非凡的才华，激发出潜在的能力。时间一久，我们就能做出令人刮目相看的成绩。

多一点儿耐性

根据拿破仑·希尔对专注的定义，专注就是把某个特定欲望成功实现的过程。在成功的过程中，可能需要三年五载，也可能需要十年或二十年，或要经历各种痛苦打击，这就需要人有一定的耐性。善忍耐，不急躁冒进。特别是专注的员工，一心专注于工作，但许多工作是枯燥而琐碎的，麻烦而无序的，这就需要极大的耐性了，必须耐心细致地一点一滴地做工作。非常的耐性是树立专注精神的关键因素之一。

古人云："隐忍以行，将以有为也。"没有耐性的人，不可能在工作中出类拔萃。换句话说，不管你的工作出现了什么变化，在未看到事情有利的一面之前，都应把痛苦和不良的情绪抑制住，不让其影响自己专心工作。这种耐性的养成不仅有利于你今后的工作，更有利于你的发展。

下面这个年轻人的经历为"增加一点儿耐性"做了最好的诠释。

几十年前，当奥迪斯刚踏入电影界时，曾经在他的日记中这么写道："我精力旺盛、充满热情、头脑敏锐、感情丰富，没有一个人能比得上我。"他坚信所有理性、客观的人将会感受到他的才能确实不同凡响。他宣称："此地的导演们将会发现我是一个深具表演天赋的人，是未来的主角。"

但是，导演们并没有发现这位自命不凡的家伙有什么特殊之处，只是让他担任一些不重要的角色，或跑跑龙套。

处处不如意的打击是多么的痛苦，那种兴奋心理直落深渊，不愉快的情绪能让很多人却步，但年轻的奥迪斯却抑制住痛苦和糟糕的坏情绪，仍矢志不移地在电影界寻求发展。

奥迪斯决心致力于剧本创作，于是他将写好的两个剧本送交克鲁曼导演，却没得到丝毫鼓励。

从这种情势来看，奥迪斯似乎在电影界这个行业里已经一筹莫展了。但是，这位决心献身电影事业的年轻人并未因此而偃旗息鼓，他继续留在格鲁伯电影公司当演员，同时也不断写作。

那真是一段艰苦难熬的岁月，他梦想着能够演一个重要角色，然而他一直只是个临时演员而已，无法演上重要角色。

他勤于写作，想以新的剧本开创崭新的境界，却没料到呈给克鲁曼的剧本，所得到的答复较以往的评价更令人泄气。

但是，奥迪斯仍始终如一地坚持下去，一边演一些小角色，一边不断地为下一出戏继续爬格子。如此地勤奋不懈，终于使得以他编写的剧本而拍摄的影片大为卖座。《醒来吧唱歌》（*Awake and Sing*）这部作品令许多人惊讶不已，在百老汇引起了很大轰动。他的第二部作品是《等候左撇子》（*Waiting for Lefty*），紧接着又推出《金色年华的孩子》（*Golden Boy*），也引起很大的反响。

奥迪斯一直坚持不懈地追求着自己的梦想，但如果他缺少耐性，在等待最后成功一刻的到来之前，他一定会被种种坏情绪和痛苦击倒。所以，一个人若没有非常的耐性，他也永远不能专注下去，只能成为一个任由环境摆布的玩偶。因为每个成功者都是在非常的耐性下创造出自己的幸运。

成功只属于那些为了自己的理想锲而不舍地奋斗的人。如果你想成功，那就耐心地让自己的奋斗之心坚定下来吧！不怕任何艰难困苦，专心致志地追求自己的目标并倾注一生的心血，这样，你终将为自己铺设锦绣的前程，实现美好的人生。

千万注意服从第一

专注的员工不是按自己的意志投入到专注的工作中，而是服从安排，接受任务，然后再根据公司的安排部署，以大局为重。根据需要，把专注工作与灵活变化结合起来，达到服从第一的工作态势。

服从即没有任何借口与抱怨，毫无条件地遵照执行，听从上级的决策和命令。

许多企业管理专家表示，很多企业从注册到倒闭，极难生存5年，并不是它们缺少好的创意和决策，而是员工缺少遵循指示做事的习惯。

服从是整个组织最高的行动法则。

1951年4月11日，杜鲁门总统下令撤销麦克阿瑟将军的一切职务。

消息实在太突然了，没有丝毫思想准备的麦克阿瑟听到后，一下子呆住了。

麦克阿瑟将军不服从上级指令是历来有名的。在20世纪20年代末30年代初的经济危机期间，一些退伍军人及其家属到华盛顿请愿，要求政府发放现金津贴。当时任陆军参谋长的麦克阿瑟到示威现场阻拦。时任总统胡佛指示麦克阿瑟不要动用军队，但麦克阿瑟对总统的指示不予理睬，他用军队驱散了示威的人群。

"二战"结束后，杜鲁门总统尽管对麦克阿瑟印象不佳，但还是对他委以重任。但麦克阿瑟在没有经华盛顿批准的情况下，擅自将驻日美军削减了一半。麦克阿瑟的举动实属目中无人，杜鲁门大为恼火。后来，杜鲁门两次邀请麦克阿瑟回国参加庆典，都被麦克阿瑟以"日本形势复杂"为由回绝了。

杜鲁门在解除麦克阿瑟将军职务时说："我之所以终止麦克阿瑟将军的军旅生涯，既不是由于麦克阿瑟将军同我的意见不一致，也不是由于麦克阿瑟将军对我进行人身攻击，而是由于麦克阿瑟将军不服从白宫命令，这是绝对不能容忍的。"

事实证明，"服从第一"的群体战斗力是最高的。在军队中，服从是军人的第一天职。拿破仑在战场上之所以攻无不克，关键在于他的军队始终无条件地服从他的指挥。企业虽然不是军队，但企业同样需要服从，服从是专注工作的前提。

很多企业管理专家都倡导发挥个人的主观能动性，把服从看成"残酷的泰勒制"，认为服从是把人看成机器。在员工自我管理上，没有服从就没有开发，所谓的专注、创造性、主观能动性等都是在服从的基础上才能发挥作用。

一个专注的员工，如果不能无条件地服从上司的命令，就可能与企业的终极目标相悖，并产生障碍。因为一个不服从上级指示的专注员工，可能出现由于个人的主观能动性而"胡乱搞"，或者成为"个人英雄"，与公司的计划不一致，使整个公司效率低下。

因此，员工应以服从为第一，要服从上司的安排。不找任何借口，无条件地服从并彻底执行的员工才是好员工。

有一个叫普尔顿的年轻人，上司让他去一个新的地方开辟市场，那地方十分偏僻。在很多人看来公司生产的产品要在那里打开销路是十分困难的，因此，把这个任务交给普尔顿之前，上司曾经三次把这个任务交给过公司里别的人，但是都被他们推脱了，因为这些人一致认为那个地方没有市场，接受这个任务最终结果将是一场徒劳。普尔顿在得到上司的指示后什么也没有问，只带着一些公司产品的样品就出发了。

三个月后，普尔顿回到公司，他带回的消息是那里有着巨大的市场。其实在普尔顿出发之前，他也认定公司产品在那里没有销路。但是，由于他的服从意识，他依然选择前往，并全力以赴地开拓市场，结果取得了成功。

因此，专注必须以服从为基础。因为只有这样才能获得更大的成就；否则，将导致各行其是的专注，这对企业和个人都毫无益处。

说做就做，立即行动

专注的员工不仅要由始至终专注地工作，更重要的是要抢在时间的前面，做好投入专注工作前的一切准备工作，只有充分准备了，才可能专注工作，否则专注工作就很难进行下去。因此，专注的员工不是一接受任务便一头扎进工作里，而是先做好工作前的充分准备。当然，一旦接受任务就必须立即行动，无论是准备工作还是实际行动，都必须说做就做，这样才能够更快更好地完成工作任务。

在现代职场中，很多人对于一项工作，总是拖拖拉拉，不能立刻行动起来。久而久之，就形成了拖延的习惯。一个不能迅速完成工作、随意拖延工作的人就是一个不专注的员工。因此，在树立员工的专注精神时，应培养其说做就做并全力以赴投入工作的雷厉风行的习惯。

克莱门·史东应澳大利亚墨尔本商会的邀请前去演讲。三天后，他接到一个电话，是一家销售金属柜的公司经理爱德理·伊斯特打来的。他兴奋地说："发生了一件奇妙的事情！"

"什么事？"

伊斯特回答："你在演讲中提到业务员亚尔·艾伦的故事。你说要立即行动！于是我找出了10个本该拜访但一直拖延至今的客户，我用积极的态度再度拜访这10位客户，结果，我做成了8笔大生意！"

任何伟大的目标、计划，如果没有行动，最终只是个想法而已。成功的秘诀是什么？行动！无论做什么事，只要是该做的，就不应拖延，而应说做就做，全力以赴地投入。

具有专注精神的员工不管从事什么工作，都能抓住工作实质，当机立断，采取行动。专注的员工不论做任何事都不会拖延，因为他们深深地懂得：做比什么都重要。

无论你有多么美好的理想，如果不能全力以赴地行动，一切都不会成为现实。拖延是行动的敌人，克服拖延的最好方法就是行动，只有马上行动，才能彻底打败拖延。

从细节中寻找专注的起点

《基业长青》的作者吉姆·柯林斯认为，不愿做平凡的小事，就做不出大事，大事往往从一点一滴的小事做起来。在树立员工专注精神时，也要从小事中开始寻找专注的起点。

在荷兰，有一个刚初中毕业的年轻人来到一座小镇，找到一份替镇政府看门的工作。他在这个岗位上一直工作了60多年，一生也没有再换过工作。

很显然，这个工作很清闲，年轻人便以打磨镜片来打发时间。就这样，一磨就是60年。正是凭借这种专注的精神，他磨出来的复合镜片放大倍数比专业技师磨的都要高。借助自己研磨的镜片，他发现了当时科技尚未知晓的微生物世界。从此，他闻名世界，只有初中文化的他被授予了法兰西科学院院士的头衔，就连英国女王都曾到小镇拜访过他。

创造这个奇迹的人，便是科学史上鼎鼎有名的荷兰科学家万·列文虎克。列文虎克老老实实地把手头上的每一片玻璃打磨好，用尽毕生的心血，致力于这种平淡无奇的完善，终于他从细节中为自己赢得了更广阔的前景。

很显然，在现代社会里，想要成就一番事业，必须从简单的小事入手，从细微之处入手，并坚持不懈。这样一来，必可聚沙成塔、集腋成裘。然而，现在职场中，想成就大事的人很多，但愿意把小事做好的人却寥寥无几，他们总认为这些小事对自己的成功毫无帮助。

"一屋不扫何以扫天下""磨刀不误砍柴工""天下大事，必做于细"，这都是劝人们应做好小事。因为世间一切丰功伟绩，都是由一系列小事构成的；而且，1%的细节就等于100%的失败。所以，我们应从细节中寻找专注的起点。

不屑于平凡小事的人，即使他的目标再可行，也只能是一个五彩斑斓的肥皂泡。想要取得巨大的成绩，就要脚踏实地，专注于平凡小事。否则，你将因在一些小事上的疏忽大意而陷入无尽的痛楚中，致使自己失去大好的发展机遇，功亏一篑。

有个伐木工人在一家林场找到了工作，报酬不错，工作条件也很好，他很珍惜这份工作，并下决心好好干。

第一天，老板给了他一把利斧，这个工人砍了18棵树。老板说："不错，就这么干！"工人很受鼓舞，第二天，他干得更加起劲，但是只砍了15棵树；第三天，他加倍努力，可是只砍了10棵。

这个工人很惭愧，跑到老板那儿道歉，说自己也不知道怎么的，自己每天都全力以赴，却毫不见成绩。老板问他："你上一次磨斧子是什么时候？"

"磨斧子？"工人诧异地说，"我天天都忙着砍更多的树，哪里有工夫磨斧子！"

可能你的主要工作是"伐木"，但不应忘记"磨斧子"这类的小事，有时一件小事就能让你事半功倍，能让你的命运发生转折。因此，在你的工作中，不可以随意糊弄打发一件小事，因为种下什么种子，将来必定收获什么样的果子；专注工作中的每一件小事，必将让你收获甘甜的硕果。

从小事上寻找专注点，从细节中寻找专注工作的起点，这样，专注就找到了突破口。一件件小事完成，一处处细节做好，这样就会创造更大的成功。

尊重你的工作

专注的员工都非常尊重自己的工作，否则，他是不会埋头工作的。因为只有认识到工作的价值，并体验到工作的乐趣，他们才会专注于自己的工作。

错误的观念必然引导错误的行为。一个员工不尊重自己的工作，就不可能把全部精力都用在工作上。如果一个员工认为自己的工作是卑贱的，鄙视、厌恶自己的工作，即使他从事的是很有前途的工作，也不会有所成就的。

在一个小镇上，有三个石匠一直忙着工作，路人问他们在忙什么。第一个石匠说："你没看见我正在'奴隶主'的监视下，摆弄这些又硬又重的石头吗？"第二个石匠说："我每天都在搬石头砌墙，把墙垒好，这样房子才结实。"第三个石匠神采飞扬地说："我正在从事一项伟大的艺术创作，这是镇上的第一所教堂，我要将它建成本镇的标志性建筑物。"

五年后，第一个石匠失业了，第二个石匠仍在搬石头砌墙，而第三个石匠却成了一位伟大的建筑师。尊重你的工作，你才能调动工作的兴趣和激情。工作的兴趣与激情将保证你更专注于这份工作。

工作是人的天职，是人的使命，更是人赖以谋生的手段。一个尊重自己工作的人，能专心致志地把全部精力都用在工作上，即使没有他人的督促，也能出色地完成工作。

为了使自己能尊重自己的工作，我们应该首先弄清工作的内涵。其实，工作固然是为了生计，但是有比生计更可贵的东西，就是在工作中发掘自己的潜能，发挥自己的才干。一份工作的价值在于是否对社会有益，而不是其他，只要是合法的工作，都是值得尊重的，没有高低贵贱之分。

马克毕业于芝加哥州立大学有机化学专业，他前往阿穆尔肥料厂应聘。尽管他被聘用了，却被分配到办公室做一名速记员。一切都与马克想象的相差很大，但他仍全力以赴地做事，重视每一项工作。

有一天，老板阿穆尔先生要前往欧洲，需要电报密码。以前，上司和同事们都对此马马虎虎，弄几张纸便完事大吉。马克有所不同，他把所需的电报密码用电脑清楚地打印出来，然后又仔细地装订成一本小册子。

马克做好之后，上司便把小册子交给阿穆尔先生。阿穆尔看了之后，问道："这大概不是你做的吧？"上司讲了实情。几天之后，马克代替了上司的职位。

专注的员工从不轻视自己所做的每一项工作，即便"平凡低微"的工作也会全力以赴、尽职尽责、认真地完成。平凡工作的顺利完成，有利于你对更重要工作的成功把握。你只有对工作投入十二分的重视和热情，老板才会为你架设更高的"天梯"。

然而，在职场中，有许多人不尊重自己的工作，不把自己的工作看作创造事业的要素、发展人格的工具，认为工作是不可避免的劳碌。

这一现象在初入职场的年轻人身上尤为明显。他们总认为自己目前从事的工作与自己的知识、才干不符，也不是自己所想象的那样"体面"。于是，他们轻视自己的工作，抱怨不断。没有良好的工作心态就不可能有完美的工作行为。他们对工作没有投入全部的精力，敷衍塞责、马马虎虎、得过且过。

结果如何呢？这些"不甘平庸"的年轻人，由于轻视自己的工作，养成粗制滥造的工作习惯，再也无法走出平庸的陷阱，因为他们的才华和天赋已被轻视之心全部吞噬。

一个轻视工作的人，也必被老板所轻视。因为所有老板都认为，一个不尊重自己工作的人，由于不认真工作，也必会使他的自信心和自尊心逐渐消失。这样一来，老板必会因此而轻视你的品格。尊重自己的工作，才能调动自己的专注心。而这样一步一步地向上攀登，才会获得老板的认可与赏识。

将眼前利益与长远利益相结合

专注的员工之所以能够专注工作，主要是他们能把眼前利益与长远利益相结合，一方面是为了给公司创造效益，另一方面是为了自身的发展。

在现今高度竞争的经济环境中，有很多人工作时总是三心二意，不专心致志于本职工作，不用心去做好每一项任务。之所以出现这种现象，很关键的一点就是他们没有把眼前利益与长远利益相结合。

或许你的老板并不是一个睿智的人，他没有注意到你所付出的努力，也没有给予相应的回报，那么你也不要懊丧，你可以换一个角度来思考：现在的努力并不是为了现在的回报，而是为了未来。我投身于职场，是为了自己而工作。人生并不是只有现在，而是有更长远的未来。固然，薪水要努力多挣些，但那只是个短期的小问题，最重要的是获得不断晋升的机会，为未来获得更多的收入奠定基础。更何况生存问题需要通过发展来解决，只盯着眼前利益，得到的永远不会太多。

请记住暂时的放弃是为了未来更好的获得。尽管薪水微薄，但我们应该认识到，专注于老板交付的任务就能锻炼自己的意志，专注于上司分配的工作就能发展自己的才能，与同事的合作能培养我们的人格，与客户的交流能训练我们的品性。

俾斯麦在德国驻俄使馆工作时，薪水很低，但每天他都一心一意地完成每一项任务，从来没有因为自己的工资低而放弃努力。因为他觉得在那里学到了很多外交技巧，也锻炼了自身的决策能力，这些对他后来的发展影响很大。

许多商界成功人士开始工作时收入并不高，但是他们从来没有将眼光局限于此，而是始终不懈地努力工作。在他们看来，初期最需要的不是金钱而是能力、经验和机会。

你在工作时，要时刻告诫自己：我要为自己的现在和将来而努力。无论你的收入是多还是少，都要清楚地认识到那只是你从工作中获得的一小部分。不要太多考虑你的工资，而应该用更多的时间去接受新的知识，培养自己的能力，展现自己的才华，因为这些东西才是真正的无价之宝。

在你未来的资产中，它们的价值远远超过了现在你所积累的货币资产。当你从一个新手、一个无知的员工成长为一个熟练的、高效的管理者时，你实际上已经大有收获了。你可以在其他公司甚至自己独立创业时，充分发挥这些才能，从而获得更高的报酬。也许你的老板可以控制你的工资，可是他却无法遮住你的眼睛、捂上你的耳朵，无法阻止你去思考、去学习。换句话说，他无法阻止你为将来所做的努力，也无法剥夺你因此而得到的回报。

许多员工总是在为自己的懒惰和无知寻找理由。有的说老板对他们的能力和成果视而不见，有的说老板太吝啬，付出再多也得不到相应的回报……没有任何人一开始工作就能发挥全部潜能，就可以出色地完成每一项任务，同样，也很少有人一开始就能拿到很高的工资。因此，当你在付出自己的努力时，一定要学会耐心等待，在得到他人的信任和赏识后，你才能得到重用，才能向更高的目标前进。

如果在工作中受到挫折，如果你认为自己的工资太低，如果你发现一个没有你能干的人成为你的上司，不要气馁，因为谁都抢不走你拥有的无形资产——你的技能，你的经验，你的决心和信心，而这一切最终都会给你回报。

不要对自己说："既然老板给得少，我就干得少，没必要费心地去完成每一个任务。"也不要因为自己挣的钱少，就安慰自己说："算了，我技不如人，能拿到这些工资也知足了。"消极的思想会让你看不见自己的潜力，会让你失去进取心和信心。一个失去了进取心和信心的员工，谁还能指望他全力以赴地工作呢？

如果有两个具有相同背景的年轻人：一个热情主动、积极进取，对自己的工作精益求精，一切为公司的利益着想；而另一个喜欢投机取巧，嫌自己的薪水太低，把自己的利益放在第一位。如果你是老板，你会雇佣谁，或者说你会给谁更多发展和晋升的机会呢？

世界上大多数人都在为眼前利益而工作，如果你能很好地结合眼前利益和长远利益，你就能超越芸芸众生，也就迈出了成功的第一步。

专注离不开毫不动摇的目标

作为专注的员工，他们之所以能始终如一地专注工作，就因为他们心中有毫不动摇的工作目标，并向着这个目标一步步迈进。

综观古今中外的伟人，他们之所以能够成功，就在于他们把自己所有的精力都集中在一个毫不动摇的目标上，坚决抵制任何诱惑。

作为员工，在打造锦绣职场前程时，树立专注毫不动摇的目标是其成功的唯一捷径。牢牢坚持你自己的目标，而频繁地更换工作对任何的成功都是致命的。年轻人汤姆在一个纺织品商店里做了五六年的工作之后，觉得自己的回报非常小，他觉得还是到机械厂工作有前途。于是，他就将自己工作五六年的宝贵经验抛弃了，因为这些经验对他的新工作没有一点帮助，而他又必须重新开始。

如果你不能一心一意地攻克一个目标，你永远也不可能成功。汤姆就犯了这样的错误，在每个行业中，他稍微略知一二后，便不再钻研下去，渴望在另外一个领域出类拔萃。就这样，经常改变自己的目标，将自己生命中的大部分光阴都浪费在从这个行业换到那个行业，这简直是人生的浪费。半途而废的目标，就算一个人拥有几十个，也不会有好前程的。

一个没有目标的人，光是集中精力全力以赴是不够的，永远也不会在世界上留下什么痕迹，因为摇摆不定使他在职场中迷失自己，使自己越来越弱小，致使他无法胜任任何工作。精力必须集中在自己的目标上，才可能创造美好的前程。

毫不动摇的目标能赋予你伟大的意义，它能让你把所有的力量都集中起来，拧成一股绳，从而让弱小的、分散的力量变得强大。

拿破仑是法国历史上杰出的人物，在他的一生里，我们可以学到关于集中力量毫不动摇目标的最好一课！拿破仑一旦下定决心对准目标，就不会再徘徊不定，或者荒废自己的时间与精力，而是集中他所有的注意力径直向着自己的目标奔去。他在战争中取得的伟大胜利，主要归功于他自己的目标非常明确。当他发现敌人布阵的弱点之后，他就会集中力量坚持不懈地攻击，直到打开一个缺口。集中精力毫不动摇的目标，就像用一个巨大的放大镜，将太阳所有的光线都集中在一点上，因此能次次命中红心。

因此说，世界上最微小的生物，如果能将自己所有的力量都集中在一起，也能有所作为；世界上最强大的生物，如果将自己的精力分散在许多目标上，最终也许不会有什么收获。

詹姆斯·马金托什爵士是一位有着杰出能力的人。他的伟大设想让无数的人兴奋不已。很多人非常感兴趣地注视着他的事业，希望有朝一日他的光芒能照亮整个世界。但是他本人却在生活中没有决心，凭着一时的热情去做事，但是他的热情在自己决定到底做什么之前就消失得无影无踪了。他性格中致命的缺陷让他在各种矛盾的冲突中徘徊不前，因此他把自己的一生就这么浪费掉了。他缺乏选择一个单一的目标并为之坚持到底的能力，缺乏消除各种影响目标实现的因素的能力。比如说，他曾经有一次因为不知道在他的文章中到底应该用"功用"还是"效用"这两个词中的哪一个而犹豫了好几个星期。

走在世界最前列的人都是那些集中精力追求单一目标的人。所以，员工在树立专注精神时，应有一个明确的目标。没有目标，光凭集中精力还是远远不够的，而且，目标应根据自己的实际情况而定，不能盲目制定。

干一行，爱一行

专注的员工善于利用自身优势，根据自己的兴趣爱好选择工作，只有那些找到了自己最喜爱的工作的人，才能够彻底地把全部心思都用在工作上。很多刚刚参加工作的年轻人整天无精打采，毫无工作兴趣，为什么他们这样散漫呢？主要是因为他们干着自己并不喜爱的工作。具有专注精神的员工，不仅能做到干一行爱一行，并且专心致志、坚持不懈。

时下，有一种颇为流行的说法，叫作"一生至少要跳五次槽，否则就不配称为人才"。受这种观念的影响，不少人由于对自己所干的工作缺乏兴趣，便加入跳槽的行列当中。别说一生，短短一两年就要跳好几回。

一辈子固守在一个岗位上，成绩卓著而令人敬佩的人大有人在；而始终处在变动之中，取得胜利的人也不在少数。但有一份调查资料表明，有三分之二的跳槽者对新工作更不满意，而碍于"好马不吃回头草"的观念，或怕原单位拒绝，没有机会改正自己的错误选择，只能继续跳下去。

每个人的经历不同，期望的目标也不同，心理承受能力自然也不同。一叶扁舟很难承受大海的波涛，万吨巨轮也不能在池塘里起航。搞清楚自己是谁、要干什么、能干什么、怎样去干，从而选准自己的工作目标、工作岗位，这是成功的基本条件。遗憾的是，很多人终其一生，也没有找到属于自己的港湾。他们并不是缺少能力和才干，而是他们不能专心致志地干一份工作，总是三心二意。

很显然，工作总是马马虎虎，对人的性格有极大的破坏作用。实际上，很多人不能全力以赴干好本职工作，就在于他们不能适应环境。在很多情况下，客观环境的改变是缓慢的。一个明智而成熟的人，不会天真到要环境来适应自己。

可现实中却有那么一种人，他们自视清高，总觉得领导压抑人才，同事妒贤嫉能，只有他才是卓尔不群的凤凰。他专盯着别人的勋章和花环，而看不到人家背后的心血和汗水；他羡慕别人的钱包，但又不愿意付出辛劳；他眼馋别人的成功，却不准备为自己的丰功伟绩劳其筋骨、饿其体肤。这样一来，不管多好的工作、多体面的事业，刚开始干，他就生出几分怨恨、愤恨、憎恨，其结果，就是干一行，恨一行，厌一行。

凡是这样的人，其实也有几分聪明，但他们却忘记了一个最朴素的道理：干什么都有代价，天下没有免费的午餐。如果到了干一行怨一行的地步，那么他在抱怨客观环境的同时，是不是也应该好好反省一下自己呢？

事实上，由于能力、经验、经济条件等方面的原因，很多人并不能一开始就找到自己喜欢的工作，作为权宜之计，选择了自己并不感兴趣的工作。但是，只要你手头上有工作，你就要全力以赴专心致志地干好它。即使你自命不凡，希望从事更加好的工作，但是对你手中的工作，一定要以欢快和乐意的态度去接受，以认真的心态去执行。

不仅要"爱一行，干一行"，还要"干一行，爱一行"。因为只有干好你手头的工作，才能为你以后的工作做好铺垫。所以，一旦你从事某种工作，就要打起精神，不断地勉励自己、训练自己、控制自己，一心扑在工作上。

在工作中，无论你喜欢与否，都要有坚定的意志，不断地向前迈进，因为只有如此，你才能走向自己梦寐以求的成功境界。

专心工作，自动自发

专注的员工无论从事哪种工作，都不需要任何人督促，就会自动自发地完成任务。可以说，自动自发是专注职业精神中一个不可或缺的因素，这是专注的员工在实际工作中一个非常突出的特征。

什么是自动自发？自动自发就是没有人要求、强迫你，自觉而且出色地做好自己的工作。自动自发的员工是一个专业制胜、埋头苦干的人，是一个积极主动、充满热情、灵活自信、坚持不懈的人，他只专注于一个工作目标。

自动自发的员工在工作中是怎么做的呢？掌握老板的指令，发挥自身的智慧和才干，把工作做得比老板预期的更完美；主动学习更多跟工作有关的知识，以提高自身的工作效率；有高度的自律能力，不经督促，自行把工作保持在较高效率水平之上；了解老板的期望，按部就班地达到每一个目标；了解自己的身份和职位，随时调整自我去适应环境。

具有专注精神的员工，不仅能专心工作，而且能自动自发，从而使工作完成得更加出色。一家皮毛销售公司，老板让三个员工去做同一件事：去供货商那里调查一下皮毛的数量、价格和品质。

张三15分钟后就回来了，他并未亲自去调查，而是向同事们打听了一下供货商的情况就回来汇报了。30分钟后，赵五回来汇报，他亲自到一家供货商那里了解了皮毛的数量、价格和品质。

王六一个小时后才回来汇报，他不但亲自到三家供货商那里了解了皮毛的数量、价格和品质，而且根据公司的采购需求，将供货商那里最有价值的商品做了详细记录，并且和各供货商的销售经理取得了联系。同时，他将三家供货商的情况做了详细的比较，制订了最佳的采购方案。

如果你是经理，你会给谁更大的发展空间和机会呢？张三和赵五同样专心工作，但他们却缺少王六身上那种自动自发的工作习惯，所以相应地，他们的优势便荡然无存。

许多年轻人都能集中精力地工作，但有很多年轻人却是茫然的。他们从未一心一意地扑在工作上，更别提自动自发地工作了。他们常常认为只要准时上班，按点下班，不迟到、不早退，就可以心安理得地领工资了。

很多年轻人只是被动地工作，为了工作而工作，他们没有在工作中投入自己的全部热情和智慧。他们只是在机械地完成任务，而不是去创造性地、自动自发地工作。态度决定一切，这样的工作态度，怎么可能会产生优质的产品呢？

其实，工作是一个包含诸如智慧、热情、信仰、积极主动、专注、想象和创造力的词汇。全力以赴和积极主动的人，总在工作中付出双倍甚至更多的智慧、热情、信仰、想象和创造力，而消极被动的人，却将这些深深地埋藏起来，他们有的只是逃避、指责和抱怨。

工作需要努力和勤奋，工作更需要一种积极主动、自动自发的精神。只有以这样的态度对待工作，我们才可能获得成功。

事实上，那些每天早出晚归的人不一定是认真工作的人，那些每天忙忙碌碌的人不一定是最优秀的人，那些每天按时打卡、准时出现在办公室的人不一定是尽职尽责的人。

对他们来说，每天的工作可能是一种负担、一种逃避。他们并没有把工作做到老板要求的那么好。对每一个企业和老板而言，他们需要的决不是那种仅仅遵守纪律和循规蹈矩，却缺乏热情和责任感，不积极主动、自动自发工作的员工。

工作不是一个关于干什么事和得到什么报酬的问题，而是一个关于生命创造的问题。工作就是自动自发，工作就是尽最大努力。不是为了什么或获得什么，我们才专注于工作，并在那个方面付出精力。工作不是我们为了谋生才去做的事，而是我们用生命去做的事！

老板之所以为专注的员工提供更广阔的舞台，就在于他们能一心一意地专心做事，自动自发，有真正的工作热情，对企业有一种发自肺腑的爱，能够以主人翁的心态对待公司。这种难能可贵的人才，没有人会让他坐在冷板凳上的。

做企业需要实用技能型人才

技能型人才通常是指生产和服务企业中,在生产或服务一线从事那些技术含量大、劳动复杂程度较高的工作岗位上的高级技术工人和技师。

他们在工作中不仅要动脑,更要动手,既要具有较丰富的知识和创新能力,又要具备熟练的操作技能。

一些专家将劳动力种类进行了划分,其划分方案为:从事大规模生产的劳动力和个人服务业劳动力以及解决问题的劳动力。

其中,解决问题的劳动力就是现在人们所说的"白领",即知识型员工。相对白领而言,蓝领就是指生产一线上的劳动工人。

随着科学技术的不断发展,现代化机械生产程度的不断提高,企业对蓝领的需求量正呈逐年下降趋势。与此同时,介于"白领"和"蓝领"之间的有知识和技能的复合型人才正在崛起,并越来越受到了企业的认可和重视,对其需求程度也日渐升温,专家将这一阶层称之为"灰领",即技能型人才。

据专家预测,这种"灰领"人才将逐步成为企业劳动力的主体。

根据工作行业和工作性质,"灰领"可以指在制造企业生产一线从事高技能操作、设计或生产管理以及在服务行业提供创造性服务的专门技能人员。

比如,核能制造业中的各种技术工程师,包括IT业的软件开发工程师、电子工程师等,还有广告创意、服装设计、装饰设计师、动漫画制作等,甚至像飞行员、宇航员、外科医生等这些过去无法明确界定的职业,如今都被称之为"灰领"。

"灰领"与"白领"相比较而言，不同之处就在于"灰领"一般不是企业的最高管理者，不处于企业的高管层次，不对企业进行直接管理，而企业的经营者和管理者大都由知识型员工担任。

直接一点说，在一个企业里，"白领"的任务是决定要做什么事情，"灰领"的任务就是决定该如何来做事情，它包括产品设计、制定生产流程等，甚至是具体的生产工作。

由于灰领从事的行业技术性很强，所掌握的技能大都为高端技能，因此他们的薪水也比较高，有些甚至比普通白领的工资还要高，并且他们的工资水平能够长期处于比较稳定的状态。

在现代企业里，"灰领"同样是一股不可忽视的力量。有关专家指出，目前我国工业仍以制造业为重心，财政收入的一半仍来自制造业，将近一半的城市人口的就业机会是由制造业提供的。

随着我国经济的发展，我国制造业已经拥有了比较强的国际竞争力，而"灰领"人才在制造业中正起着无可替代的作用，他们是生产分工中的重要阶层，在生产过程中起着纽带和环节的作用，他们是把蓝领和白领有效连接起来的技术骨干。

"灰领"往往在设计思想转变为实际产品的过程中起着至关重要的作用。他们不仅是生产环节中的操作者，还是整个生产环节的组织者，同时他们大都具备很强的技术革新、开发攻关、项目改进的能力。

他们能够针对需要，有效带动和组织协调其他技术人员一起动手进行某些技术攻关，把精密的设计图纸变成一个实实在在的高质量产品。"灰领"人才因为其具有较高的职业资格所能达到的一线生产、服务、技术管理等多岗位适应能力，所以他们具有较强的发展后劲和创新意识，能适应市场对人才资源结构的需求。

从上面的解说中可以看到，一个专注的员工应该努力成为企业的"灰领"，在未来多变的职场里铸就自己稳固的职场之路。"灰领"这种技能型人才，在现代企业中严重匮乏，其主要原因是：

第一，社会对高技能人才的价值评价发生错位。一直存在着"重学历，轻能力""重知识，轻技能"的倾向。

劳动和社会保障部《职业》杂志与中青在线联合发起的"中国技能人才职业声誉调查"显示：有52.7%的人认为技能人才的社会地位不高，不受尊重；22.7%的人采取漠视态度，不关心技能人才的地位问题。只有24.6%的人认为技能人才目前的社会地位和其他人才一样平等，应受到尊敬。对于"是否愿意送自己的子女就读技工学校"这一问题，67.7%的人表示不愿意。这种人才观念造成了此类人才的流失和后续乏人。

第二，在社会转型期，国家没有及时调整人才培养战略，对于高技能人才培养的资金投入不够，只重视学历教育而忽视技能教育，而许多企业也没有设立员工培训基金。

计划经济时期建立起来的是"轻职业，重级别"的人事管理制度，其核心是把工人和干部分裂开来，分别进行管理。通常只是把干部视为人才，而工人只被看做是普通的劳动者，同时也把绝大多数的高技能人才如高级技术工人、技师等也归入到了工人行列，同样不视为人才。

到目前为止，这一管理体制正处于改革之中，但其影响依然很深，可以说这是社会上"重学历，轻能力""重知识，轻技能"观念的根源所在。

因此，企业的用人观念不能再以学历和知识为唯一标准，要丢掉这种"重学历，轻能力""重知识，轻技能"的人为观念，尤其是生产制造业等企业，要对技能型员工真正重视起来，重视他们的需求，尊重和认可其价值，并对其进行有针对性的培训，最终使之适应企业发展的需求。

第三，随着我国技能型人才严重匮乏局面的出现，职业技能人才教育和培训落后的情况随之凸显出来。职业技能人才教育内容陈旧，师资力量和硬件设施都很难适应新的社会要求。

针对这一情况，企业要想拥有一支高水平高技能的人才队伍，企业自身的培训工作在所难免。但一个人专业技能素质的高低取决于他的兴趣、能力和聪明程度，也取决于他所能支配的资源以及制定的事业目标，拥有多种技能的人就能够得到企业更大更好的工作岗位。

由于企业的需要和发展，专注的员工能掌握对企业有实用价值的专业技能就显得尤为重要。那么，应该提升和掌握哪些技能，才能适应日益发展的企业需要呢？

提升解决问题的能力

每天，专注的员工都要在工作中解决一些综合性的问题。能够发现问题、解决问题，并能迅速有效的作出决断，那么，专注的员工将被企业看重。所以我们要在现在的岗位上努力提升自己解决问题的能力。

提升专业所在的技能

现在，技术已经进入了我们工作的所有领域，提升自己的专业技能势在必行。像工程、通讯、汽车、交通、航空航天领域需要大量能够对电力、电子和机械设备进行安装、调试和修理的专业技能，当我们掌握并提升了该领域的技能，将会使这类企业得到更大地发展。

提升沟通技能

专注的员工所在的企业面临着员工更好地进行团队合作的问题。所以，专注的员工要在企业获得工作上的成功，就应该提升自己的沟通能力，能与同事们进行有效地团结协作，才能有更好的事业发展。

掌握计算机编程技能

如果能掌握计算机编程的技能，那么，我们成为该项目的专家的机会将大大增加。因此，我们需要掌握C++、Java、HTML、VisualBasic、Unix和SQLServer等计算机语言。

掌握信息管理能力

信息是信息时代经济系统的基础，掌握信息管理能力对绝大多数企业来说都是必需的。像系统分析员、信息技术员、数据库管理员以及通信工程师等岗位我们都能胜任。

提升理财能力

随着企业理财的重要性的不断提高，我们必须提升自己的理财能力，为企业做出更有效的理财决策。当我们拥有高超的理财能力后，像企业的投资经纪人、证券交易员、退休规划者、会计等岗位我们都能胜任。

提升培训技能

如果我们发现自己拥有培训技能的专长，可以结合这项专长，进行专业化提升。等拥有高超的培训技能后，我们便能够在教育、社区服务、管理协调和商业方面的培训师岗位上胜任。

提升科学与数学技能

科学、医学和工程领域每天都在取得伟大的进展。我们应对这些领域的技能进行提升，并为该领域的企业做出贡献。

提升外语交际能力

多掌握一门外语将有助于我们在工作中有更多发挥能力的机会，对我们的事业有很大的帮助，现在热门的外语是英语、日语、韩语、法语和德语等。

第四章　什么在影响你的专注精神

一个人如果心浮气躁、朝三暮四，就不可能集中自己的时间、精力和智慧，干什么事情都只能是虎头蛇尾、半途而废。缺乏专注的精神，即使有凌云壮志，也绝不会有所收获，因为"欲多则心散，心散则志衰，志衰则思不达也"。

摆正自己的位置

很多公司员工不能专注工作，做事总是三心二意，糊弄了事，而并非精益求精。他们不能干好本职工作，对工作问题也不求精通，究其原因，主要是主观认识态度问题，他们缺乏对雇佣关系的正确认识，不能摆正自己作为雇员的位置。

有一位企业管理专家到某制造企业做调查，发现产品质量非常糟糕。但据他所知，该企业的管理水平和员工素质都较具优势，他感到很困惑。有一天，他去生产车间，见到工人的工作情景后恍然大悟。在车间里，很多工人毫无专注工作的热情，犹如被催眠一般。专家问一位年轻力壮的工人："为什么不全力以赴地工作呢？"那位工人说："我为什么要尽100%的努力呢？我只不过是一个雇员而已。"

其实，不论你，还是我，或者他，只要踏入职场，都要扮演好自己的角色。像上文中的那位工人，他就没有弄清雇员真正的含义和角色。有些人不断地被淘汰出局，有些人却做了那个不可缺少的一员而成为"主角"，关键就在于你如何演绎雇员这一角色。

诚然，你接受老板给你的工作，得到薪水，他靠你的工作而正常经营并获得利润,二者彼此互相依存。但是,作为员工,在工作时一定要专心致志,尽自己最大的努力把工作做好,即使有困难或挫折,也不能放弃这个准则。这是老板与员工的一种契约,双方只有很好地遵守这个契约,才能够很好地合作下去。

公司裁员,名单上有内勤部办公室的小灿和小燕,规定一个月之后离岗。说实话,这两个人在工作上都非常努力,但在考虑了公司整体规划以及个人学历、素质等情况后,公司还是把她们"拿下了"。

第二天上班,小灿一改常态,情绪激动,谁跟她说话,她就向谁开火,像灌了一肚子火药。

裁员名单是老板定的,跟其他人没关系,跟内勤部也没关系。小灿也知道,可心里憋屈得很,又不敢找老板去发泄,只好拿杯子、文件夹、抽屉撒气,致使办公室的工作气氛荡然无存。

小灿仍旧没出够气,又去找主任诉冤,找同事哭诉:"凭什么把我裁掉?我干得好好的。"眼珠一转,滚下泪来。自然,办公室订盒饭、传送文件、收发信件,原来属于小灿做的工作,现在都无人过问了。

后来,小灿找了几个重要人物到老板那儿说情,好像会成功似的,小灿着实高兴了好几天。后来又听说,这次是"一刀切",谁也通融不了。小灿再次受到打击,气愤的情绪也更加疯狂,异样的目光在每个人脸上扫来扫去,仿佛有谁在背后捣她的鬼。许多人都躲着她。她人还未走,大家却有点讨厌她了,都希望她早日离开。

裁员名单公布后,小燕哭了一晚上,第二天便无精打采地来上班了,可打开电脑,拉开键盘,她就和以往一样一心一意开始工作了,而且比以前更出色了。她想:是福跑不了,是祸躲不了,反正这样了,不如干好最后一个月,加强自己的业务水平,有利于下个月找份好工作。于是,小燕仍然勤勤恳恳地打字复印，随叫随到，坚守在她的岗位上。她见大伙不好意思再吩咐她做什么，便主动找活干。

一个月后，小灿如期下岗，而小燕却被留了下来。办公室主任当众传达了老板的话："小燕的岗位，谁也无法替代；小燕这样专心的员工，公司永远不会嫌多！"

作为雇员，就应集中精力专心致志地干好自己的本职工作，以专业制胜，追求精益求精。在这个竞争愈来愈激烈的时代，只有扮演好自己的角色，做那个不可缺少的人，才不会有被淘汰出局的危险。

不要把自己关入想象的牢笼

有些员工不能专注工作，主要是因为他们认为自己在公司里受到老板和上司的压榨和奴役，认为自己的血汗钱被剥削和压榨了，整天抱怨说自己像奴隶一样被人役使。这样一来，其内心就渐渐产生了奴隶的心态，他们在老板或上司不在的时候，就偷懒，甚至浪费公司的财产。久而久之，他就真正变成了一个工作奴，讨厌和憎恨工作。

几年前，马登应邀前往一家大公司参加年会，并在会上发表演说。会上有一位老职员哈利当场宣布退休，公司董事长先站起来做了一次例行讲话，说哈利先生对公司多么有价值、有贡献，以及现在他要退休对他多么的不舍。

但是，讲话结束后，哈利的事迹并没有引起大家的共鸣。年会快要结束时，哈利用手指轻轻地触了马登一下，说："你是否能给我30分钟的时间，我有话要对你说，顺便发泄一下我心中的郁闷。"

马登无法拒绝这样的请求，于是带着哈利来到自己下榻的旅馆里。

马登首先打开话题："在公司待了那么多年，可谓是劳苦功高，今天晚上光荣退休，真是一个值得纪念的日子啊！"

然而哈利却说道："今天我并不快乐，我真是不知道该怎么说才好，这是我一生中最悲伤的夜晚！"

"为什么？"马登问道。

"今晚我只是坐在那里面对我惨痛的一生而已，我感到自己一事无成，彻底失败了。"

"你准备做些什么？"马登问道，"你现在才65岁而已。"

"还能做什么，我将要搬到老人村里去住，在那里直到老死，我有一笔不少的退休金以及社会保险金，这些钱足够我养老了。"哈利很痛苦地说，"我希望这样的日子很快就来临。"

然后，哈利从口袋中取出晚上才拿到的退休纪念表，说道："我想把这个东西丢了，我不希望留下痛苦的回忆。"

渐渐地，哈利全身放松下来，他继续说道："今天晚上，当乔治先生（该公司的董事长）站起来致辞时，你可能无法想象我当时多么悲伤。乔治先生和我一起进入公司，但是他很上进，节节攀升，直至今天的位置。我却不然，我在公司领到的薪水最高不过7250美元，而乔治先生却是我的30倍，还不包括种种红利以及其他福利在内。每当我想起这些事，我总是认为乔治先生并没有比我聪明多少，他只是不怕吃苦，经得起磨炼，能一心一意地把全部心思都投入到工作中，而我没有做到这一点。"

"公司内外有很多机会，我都可能获得晋升的，例如我在公司待了5年后，有一次公司要我到南方去掌管分公司，但是我不想被老板利用，让老板剥削更多而回绝了。我做事时总是马马虎虎，把自己当作受剥削的奴隶。真的，我没有一心一意地干好本职工作。现在，一切都已经过去了，我什么也没有得到，真是往事不堪回首啊！"

哈利像无数人一样，把自己判入终身的心理奴隶的牢笼之中。

其实，这种现代奴隶的形式是苛求老板造成的。许多员工把老板当成慈善家，将过多的责任强加给老板。可是你有没有想过，即使是慈善家，他的慈善基金也不是无原则地施舍的，而是遵从一定原则的。实际上，资本从一出现就带有原罪性，如果我们用这种原罪观看待老板，我们看到的永远是剥削。剥削与被剥削的关系，是一个相当复杂的问题。

老板是否在压榨你，这必须做认真仔细的分析。但是，员工应该反省自己，是否尽到了作为员工的责任。由于自己懈怠工作而使自己受到更多的压力，是不能算压榨的。

然而，有些人整天无端地抱怨，说自己像奴隶一样被人剥削，于是，他们的内心渐渐就产生了一种低人一等的心态，最终变成了奴隶。

如果你能够打开内心，审视自己的灵魂，就一定可以发现，自己的心里藏着许多欲望，这些欲望导致了你无法专心致志地工作，而且你的抱怨让这种不专注的行为频繁出现。如果改正这些缺点，你就不再是奴隶，也没有人能够奴役你了。你要摆脱自私与狭隘的思想，去追求一种宽阔的境界。驱除你自己正被老板压榨的思想，敞开心扉，你就会进一步认识到，伤害自己的其实是你自己。

不要看不起自己的工作

古罗马一位演说家说："所有手工劳动都是卑贱的职业。"从此，古罗马的辉煌历史就成了过眼云烟。亚里士多德也曾说过一句让自己蒙羞的话："一个城市要想管理得好，就不该让手工劳动者成为自由人。那些人是不可能拥有美德的，他们天生就是奴隶。"如果你也同两位古人一样，认为自己从事的工作是卑贱的劳动，或认为自己大材小用，那你是很难对工作投入全部精力的。

然而，在许多公司里，仍然有许多员工认为自己所从事的工作是低人一等的，他们只是迫于生活的压力而劳动。他们无法认识到工作的价值，轻视自己所从事的工作，自然无法积极主动地专注本职工作。他们在工作中敷衍塞责、得过且过，而将大部分心思用在如何摆脱现在的工作环境和如何对付老板上了。

一个鄙视自己工作的员工，决不会投入全部身心去工作的。这样员工，也没有哪个老板会给他发展的舞台。

如果一个员工轻视自己的工作，将工作当成低贱的事情，那么他决不会尊敬自己。因为看不起自己的工作，所以倍感工作艰辛、烦闷，自然工作也不会做好。

其实，所有正当合法的工作都是值得尊敬的。只要你诚实地劳动和创造，一门心思地做好本职工作，没有人能够贬低你的价值，关键在于你如何看待自己的工作。那些只知道要求高薪，却不知道全力以赴工作的人，无论对自己，还是对老板，都是没有价值的。

也许某些行业中的某些工作看起来并不高雅，工作环境也很差，无法得到社会的承认，但是，请不要忽视这样一个事实：只有专注工作才是衡量杰出员工的真正尺度。

实际上，工作本身没有贵贱之分，但是对于工作的态度却有高低之别。看一个人是否能做好事情，只要看他对待工作的态度。而一个人的工作态度，又与他本人的性情、才能有着密切的关系，一个人所做的工作，是他人生态度的集中表现；人一生的职业，就是他志向的表现、理想的所在。所以，通过一个人的工作态度，在某种程度上就了解了那个人的人生价值。一个看不起自己工作的人，其人生也不会有太大价值。

卢浮宫收藏了莫奈的一幅画，描绘的是女修道院厨房里的情景。画面上正在工作的不是普通的人，而是天使，一个正在用茶壶烧水，一个正优雅地提起水桶，另外一个穿着厨衣，伸手去拿盘子——即使日常生活中最平凡的事，也值得天使们全神贯注地去做。

如果只从他人的眼光来看待我们的工作，或者仅用世俗的标准来衡量我们的工作，它或许是毫无生气、单调乏味的，但如果你抱着一种使命感的心态和学习的心态，工作就会变得很有意义。

每一件工作都值得我们去做，不要看不起自己的工作，认为自己是大材小用，这是非常错误的，也是非常危险的。因为这很容易导致你变得狂傲自大。

专注的员工之所以具有锦绣的职场前程，是因为他们不论做任何事，都竭尽全力。一个人工作时，如果能以生生不息的专注精神、火焰般的热忱，充分发挥自己的特长，那么不论所做的工作如何平凡，即使是平庸的职业，也能增加他在行业中的声誉，因为每一个行业中都有出类拔萃的人，每一个行业都有值得敬重的人。三百六十行，行行出状元，你要争取成为你那个行业中的佼佼者。

正确看待薪酬差异

一些年轻人，当他们走出校园时，总对自己抱有很高的期望，认为自己一开始工作就应该得到相当丰厚的报酬。他们在薪酬上喜欢攀比，似乎薪酬成了他们衡量工作的价值标准。于是，他们对薪水报酬的高低没有正确的看法，导致不能一心一意地做好工作。

这是妨碍员工专注工作的因素之一。

也许是看见或者耳闻父辈以及他人被老板无情解雇的事实，现在的年轻人往往将社会看得更冷酷、更严峻，因而也就更加现实。他们普遍认为：我为公司干活，公司付我一份报酬，等价交换，仅此而已。

很多年轻人踏入职场后，他们曾经在校园中编织的美丽梦想也逐渐破灭了。在金钱的诱惑下，他们工作时总是采取一种应付的态度，能少做就少做，敷衍了事，从未尽心尽力去做好本职工作。他们习惯了用薪酬的高低来衡量自己是否应该专注工作，从未想过是否对得起自己的前途，是否对得起家人和朋友的期待。

由于对于薪酬缺乏更深入的认识和理解，所以出现了上述种种状况。大多数员工因为自己目前所得的薪水太微薄，而将比薪水更重要的东西也放弃了，实在太可惜了。

不要仅为薪水而工作，因为薪水只是工作的一种补偿方式，虽然是最直接的一种，但也是最短视的。一个人如果只为薪水而工作，没有更高的目标追求，并不是一种好的人生选择，其受害最深的不是别人，而是他自己。

一个以薪水为个人奋斗目标的人，是无法走出平庸的生活的，也不会有真正的成就感。虽然薪水应该成为工作的目的之一，但是从工作中能真正获得更多东西的却不是装在信封中的钞票。而且，一些心理学家发现，金钱在达到某种程度之后就不再诱人了。

如果你忠于自我的话，就会发现金钱只不过是许多种报酬中的一种。试着请教那些事业成功的人，他们在没有优厚的金钱回报下，是否还继续从事自己的工作，大部分人的回答都是："绝对是！我不会有丝毫改变，因为我热爱自己的工作。"

想要在职场上打造锦绣的前程，最明智的方法就是专注于自己的工作。当你专注于自己所从事的工作时，金钱就会尾随而至。因为你将成为人们争相聘请的对象，并且获得更丰厚的酬劳。

工作固然是为了生计，但是比生计更可贵的，就是在工作中充分发掘自己的潜能，发挥自己的才干。如果工作仅仅是为了面包，那么生命的价值也未免太低俗了。即使是为了面包，面包也会不同种类，只有专注工作的人，才能吃上上等的黄油面包。

考察发现，很多事业成功者之所以超越失败的陷阱，就在于工作态度的专注。无论薪水高低，他们在工作中都尽心尽力、积极进取。不专注工作的人，无论从事什么领域的工作都不可能获得真正的成功。将工作仅仅当作赚钱谋生的工具，这种想法本身就会让人蔑视。

为薪水而工作，看起来目的明确，但是往往会被短期利益蒙蔽了心智，使人看不清未来发展的道路。

那些不满于自己的薪水而敷衍了事的员工，固然对老板是一种损害，但是长此以往，无异于使自己的生命枯萎，将自己的希望断送，一生只能做庸庸碌碌、心胸狭隘的懦夫。他们埋没了自己的才能，湮灭自己的创造力。因为专注工作能让自己得到内心的平静，懈怠工作却会让自己的灵魂丑陋。

因此，面对微薄的薪水，你应当懂得，雇主支付给你的工作报酬固然是金钱，但在工作中给予你的无形报酬乃是珍贵的经验、良好的训练、才能的表现和品格的建立等，这些东西与金钱相比，其价值要高出千万倍。

一个员工如果总是为自己到底能拿多少工资而大伤脑筋的话，他又怎么能看到工资背后可能获得的成长机会呢？他又怎么能意识到从工作中获得的技能和经验，对自己的未来将会产生多么大的影响呢？这样的人只会无形中将自己困在工资里，永远也不懂得自己真正要什么。

所以，奉劝所有的职场人士，不必过分考虑薪酬的多少，而应该注意工作本身带给你们的报酬。譬如发展自己的技能，增加自己的社会经验，提升个人的人格魅力……与在工作中获得的技能和经验相比，即使是丰厚的薪酬也显得异常微薄了。老板支付给你的是金钱，你自己赋予自己的是可以令你终身受益的财富。

不要在公司拉帮结派

在一些公司里，经常出现这样的现象，几位同事合作比较顺利而愉快，于是几个人便经常聚在一起。久而久之，这几个人的情谊越来越深。如果这种现象没有私心的话，这种团队创造的业绩是非常高的，但是，一旦出现私心，只为几个人的利益考虑，把公司利益放在一边，甚至为了小集体的利益而违反公司的规章制度，这就不好了。

拉帮结派害处多。首先，拉帮结派不利于员工专注地工作。因为小帮派里的人应酬较多，私人事务也增多，很难抽出时间学习专业技能。一个不能以专业制胜的员工，是不可能做好工作的。

其次，拉帮结派影响个人前程。老板不喜欢那些搞小帮派的人。如果你与他们走得太近，你可能就会受到牵连，你必须从小帮派中退出来，否则，你就会得不偿失。

所以，在工作中，一定要避免小帮派，否则，你在公司里的发展前途就基本结束了。

当然，这并不是反对你与人交往，而是要你在公司里建立起正常和谐的人际关系。一般，要注意以下几点：

第一，公私分明。与同事相处，特别要注意公私分明，不能因为跟谁关系好而在公事上带有感情。即使关系好的几个人同在一个办公室，上班时间也要公事公办，不要经常在一起聊天说闲话。

第二，团结为重。当你因工作上的事受到上司的批评后，不管上司是对是错，你都不能因一时之气与关系较好的人煽风点火，联合起来对抗上司。而要把团结放在第一位，尽量缓解同事与上司之间的紧张气氛。

第三，扩大交际范围。在公司里，你不要把自己的交往对象只限定于三五个同事身上，而应与公司里所有员工都建立起良好的关系，这能为你专注于本职工作奠定合作基础。一个人际关系紧张的员工，同事们很难尽心尽力帮助他。

处理好人际关系，可以提升你在公司里的名望和地位，吸引老板的目光，为你的职场前程的发展铺平道路。

浮躁是专注的大敌

浮躁是专注精神的大敌。一个年轻人，无论在哪个行业，一旦患了浮躁症，就再也无法安心工作了。

在职场中，浮躁有两种表现形式，一种是在其位而不谋其事，另一种是缺乏忠诚，频繁跳槽。

公司犹如一个构建很好的整体，其中的每一个位置都是整体的构成元素，任何一个元素的运作出现问题，都会影响整个组织。任何一名员工如在其位不谋其事，其工作就会出现问题，就会间接削弱企业的竞争力，导致企业不能良性运转。

然而，在一些公司中，总有些员工朝三暮四，不集中精力去做好本职工作，致使最后碌碌无为、一事无成。有些员工总希望为自己留一条退路，幻想东边不亮西边亮。可是没有太阳，哪边都不会亮的。

你消极怠慢，马上就会有人替代你；你保守落后，自然会被淘汰。许多人在盲目地追求好的工作环境和高额的薪酬时，蓦然回首才发现，自己虚度了年华；而那些埋头苦干、默默坚守岗位的人，或拥有一技之长，或富有管理经验，成为人们尊敬的师傅或专家，这些人还会为自己的前程而担忧吗？

所以，无论从事什么工作，千万别心猿意马地梦想那些不切实际的诱惑。你应该珍惜工作，对你的工作绝不能吝惜勤奋和汗水，一定要在自己的工作上全力以赴，否则就将加入失业大军之列。

可是很多人往往是失了业才猛然醒悟：有活就要好好干。如果在其位而不谋其事，不但使公司的利益受到了损失，而最终的受害者却是自己。

在其位谋其事，在自己的工作岗位上全心全意、尽职尽责地做好，做到尽善尽美，并不断精益求精；对自己所从事的工作要有信心和热情，认真勤奋地向着工作目标不断努力；熟悉专业技艺，稳健耐心地对待工作。只有始终如一地做好工作，才能为自己铺就锦绣的职场前程。

有人曾就个人成功与工作岗位之间的关系请教一位成功人士："你为什么能在自己的位置上稳如泰山？""我会集中精力，踏踏实实地做一件事，而且我会彻底做好它，简单地说就是在其位谋其事。"那位成功人士这样回答。

斌大学毕业就来到北京，在一家公司担任质检员，每个月只有1500元，而且要从早到晚地工作，朋友们都劝说他不值得如此卖力。可是他始终没有放弃，从不抱怨自己工资太低。他诚恳踏实的态度受到了老板的赏识，一年以后，他的工资就涨到了4000元，并且被提拔到了重要的部门。在新职位上，斌继续保持着自己良好的工作习惯，最后被提升到副总经理的位置上，成为公司里收入仅次于老板的人。

这个世界要求每个从业者都应精通自己所选择的行业，并在自己的位置上付出自己全部的精力和智慧。如果一个人对自己的工作三心二意、半途而废，或者是做一些徒劳无用的工作，就会被抛弃，成为社会的"弃儿"。

对于另外一种形式的浮躁者，应该明白人一生恐怕要走许多路才能到达自己想要到达的地方，从职业的角度来看，一个人难免要调换几种工作，但是这种转换必须依托于整体的职业生涯规划。

盲目跳槽虽然在新的工作环境里收入可能有所增加，但是，一旦养成了这种习惯，跳槽就不再具有目的，而成为一种习惯。久而久之，自己就不再勇于面对现实了，不是积极主动地克服困难，而是在一些冠冕堂皇的理由下回避和退缩。这些理由无非是不符合自己的兴趣爱好、老板不重视，整天幻想跳到一个新的单位后所有问题都迎刃而解了，等等。这样一来，当然更无法专心工作了，从而导致工作中的问题越来越多，工作也就没有意义了，那么还怎样谈得上专注工作呢！

不要认为重任是"苦差事"

许多年轻人都颇有才华，但却有个致命弱点——缺乏挑战重任的勇气，把重任当作"苦差事"，总认为工作安排不合理，采取唯恐避之不及的态度。这种职业心态将妨碍员工的专注工作。

其实，重任是你展露才能、勇气和责任心的大好机会。有时候，即使你拥有担重任的精神，也未必有这样的工作让你做。所以，碰到这种自我表现的机会时，决不要有一丝一毫的勉强，要心存感激才对。

当然，这样做需要有相应的心理准备。因为这一类工作，大都是非常辛苦而且吃力不讨好的，即使你付出了全部的心血，也不一定能达到效果。即使如此，你还是应该勇气百倍地默默耕耘。

一位老板在描述自己心目中的杰出员工时说："我们所急需的人才，是有专注于本职工作的精神、勇于向重任挑战的人。"

事实上，"苦差事"往往比那些表面看起来华丽动人的工作，更能激发人的斗志及潜在的乐趣。专注的员工之所以能得到老板的赏识，是因为他们能够从这样的工作中找到乐趣，即使心中不满也从不抱怨，仍然默默地做事，而且他们并不在乎别人怎么看怎么说。因为他们坚信，只要付出肯定就会有回报，而且付出与回报是成正比的。所以，如果你害怕自己吃亏而跟着大家一样推卸重任，那就等于自己把机会往外推。

当然，人生难免会碰到徒劳无功的事情，然而，唯有专注工作的员工，才有可能在职场的角斗中赢得老板的青睐。如同禾苗的茁壮成长必须经历种子的发芽一样，专注的员工之所以成功，很大程度上取决于他们勇于挑战重任的精神。在复杂的职场中，只有经过磨砺，不断力争上游，才能脱颖而出。

人生的道路是很漫长的，从眼前来看或许所有的努力都是徒劳无功的，甚至是"瞎忙活"，但日后说不定就会有意外的收获。相反地，眼前看起来很荣耀的事，或许很快就褪色而变成食之无味、弃之可惜的"鸡肋"。

所以说，如果你认为做别人不愿做的事就会吃亏，因而与其他人一样排斥这个工作，那你就和其他人一样，永远也只是普普通通的一员。如果你能够主动接受别人所不愿意接受的工作，并能够从中体会到无穷的乐趣，你就能够克服困难，达到他人所无法达到的境界，获得他人所永远得不到的丰厚回报。其中，你也会成为一名超越普通员工的不一般的优秀员工。

挑战重任，就意味着抓住了机遇，因为机会总是装成"苦差事"的样子。作为公司的一员，要想使老板重用自己，要想展露自己的才能，就必须化重任为动力，做到面对任何问题都能声色不变，并处之泰然，妥善解决。因为企业在发展的过程中，总会不可避免地遭遇到"苦差事"的困扰。

所以，工作中遇到重任，不要认为工作分配不合理，不要犹豫不决，不要依赖他人，要敢于做出自己的判断。只要你拿下这些"苦差事"，你发展的契机也就悄然降临，你无形中取得了胜人一筹的竞争优势。

不要与老板有对立情绪

在许多公司中，员工对老板存在对立情绪，认为老板是束缚自己、压迫自己的人，这种错误情绪导致很多人不能专注于本职工作。

只要你还是某一组织中的一员，就应当投入自己的全部精力和责任心。一荣俱荣，一损俱损。专注的员工要将身心彻底融入公司和工作中，尽职尽责，处处为公司着想。

在这样一个充满竞争的时代，谋求个人利益是天经地义的。但遗憾的是，很多人没有意识到个性解放、自我实现与专注和敬业并不是对立的，而是相辅相成的。许多年轻人以玩世不恭的态度对待工作，觉得自己的工作是在出卖劳动力；他们蔑视敬业精神，嘲讽专注。

对于老板而言，公司的生存和发展需要员工的不断努力。对于员工来说，需要的是丰厚的物质报酬和精神上的成就感。从表面上看，老板与员工彼此之间存在着对立性，但是，从更高的层面看，两者却是和谐统一的。公司需要专心致志做好工作的员工，这样业务才能进行；员工必须依赖于公司的业务平台才能充分发挥自己的聪明才智。

换句话说，为了自己的利益，每个老板只会保留全力以赴工作、精通专业的员工，即那些能够成功把"信"带给加西亚的人，那些能够忠实地完成上司交付的任务而没有任何借口和抱怨的人。

每个员工都应该意识到，自己的利益与公司的利益是一致的，自己只有全力以赴、努力工作促进公司的发展，个人才能获得发展。

许多公司在招聘员工时，除了能力以外，职业道德是最重要的评估标准。没有品行的人不能用，是不值得培养的，因为他们根本无法将"信"带给加西亚。因此，如果你为一个人工作，如果他付给你薪水，那么你就应该全心全意地把工作干好。

"老板是靠不住的！"这种说法也许有一定的道理，但是，这并不意味着老板和员工从本质上就是对立的。也许你的上司是一个心胸狭隘的人，不能理解你的专注，不珍惜你的忠心，那么也不要因此而产生抵触情绪，不要将自己与公司和老板对立起来。这个时候你应该学会自我肯定。只要你专心致志地做好本职工作，做到问心无愧，你的能力一定会得到提高，你的经验一定会丰富起来，总有一天你会得到老板的肯定，你未来的前程也一定会锦绣如花。

老板和员工的关系只有建立在一种制度上才能做到和谐统一。

在一个管理制度十分健全的企业中，所有升迁都是凭借个人努力得来的。管理完善的公司升迁的渠道都十分通畅，有实力的人都有公平竞争的机会，只有这样，员工才会觉得自己是公司的主人，才会觉得自己与公司完全是一体的。

很显然，员工和老板是否对立，既取决于员工的心态，也取决于老板的做法。聪明的老板会给员工公平的待遇，而员工也会以专注的工作予以回报。如果你是老板，一定会希望员工能和自己一样，将公司当成自己的事业，更加专注，更加勤奋，更加积极主动。因此，当你的老板向你提出工作要求时，请不要拒绝。

绝大多数人都是在一个社会机构中寻找自己的事业生涯。只要你还是某一机构中的一员，就应当抛开与组织和上司的对立情绪，投入自己的忠诚感和责任心。对立情绪要不得。任何人都清楚，个人的成功是建立在团队成功之上的，没有企业的快速增长，任何雇员都不可能获得丰厚的薪酬。也就是说，只有企业的成功，员工才可能随之成功。

因此，要想取得胜利，只有始终不停地追随企业的目标，帮助企业成功。一般来讲，抛弃对立情绪，时刻和老板保持一致并帮助老板取得成功的人，往往最终会成为企业的中坚力量，自己也会成为令人羡慕的优秀员工。

不要总是抱怨工作

在每个公司里，都有这样的员工，他们总是对工作吹毛求疵，不断地抱怨，致使自己心情烦躁不堪，不能安心工作。

人的习惯是在不知不觉中养成的，是某种行为、思想态度在脑海深处逐步成型的一个漫长的过程。习惯因其形成不易，所以一旦某种习惯形成了，也就具有很强的惯性，就很难根除。

人的一生中会形成很多种习惯，有的是好的，有的是不好的，良好的习惯对一个人影响很大，而不好的习惯所带来的负面作用会更大。吹毛求疵和抱怨是一种非常不好的习惯，一旦形成这种习惯，将导致你在工作上三心二意、马马虎虎。

专注的员工从不会因心中不满而埋怨老板、上司以及同事，他们总是兢兢业业地工作，遇到问题，总是从自身找原因。

然而，在一些组织里，有些人觉得自己已经在工作中投入了很多，却没有马上得到回报而心情不爽，或感觉不受老板器重时，总是会说些抱怨的话。这样一来，久而久之，你的进取心将被磨灭。

汤姆和杰克在某知名企业做秘书工作，此企业在业界口碑很好，发展也极快，有业绩的员工都能迅速得到提升，两个人对工作都很满意，他们都表示要尽心尽力做好这份工作，而且他们也的确是这样做的。但过了几个月，二人的工作态度有所变化。汤姆因为自己的业绩一时得不到回报，开始抱怨老板，对公司也表示不满。这样一来，本来根基尚浅的汤姆更无法做好本职工作了，甚至有几次还出现了大错误。

杰克与汤姆有所不同，看着那些被提升的同事，心里虽然也羡慕不已，但他把羡慕的心态转化为激励自己奋发的动力，暗地里与那些被提升的员工较劲。杰克做事很认真，他将工作中所遇到的事，诸如重要数据以及老板的指示等都记在工作备忘录上，并随身携带，以备不时之需。

有一次，老板出去洽谈业务，临时需要两个数据，几个业务主管所报数据相差甚远。正在老板和主管不知所措之时，杰克立刻掏出备忘录，报出了老板所需的精确数字，大家都不约而同地向杰克投以钦佩的目光。

自此以后，老板对杰克另眼看待。事隔不久，杰克便被提升了，而汤姆却被辞退。

其实，抱怨是无济于事的，只有通过坚持不懈的努力工作才能改善处境。相反，那些抱怨不停的人，终其一生，也无法养成真正专注的习惯。多做一点对你并没有害处，也许会使你多花费一些时间和精力，但会使你养成专注本职工作的好习惯。

抱怨和吹毛求疵对谁都没有好处，少一些抱怨，集中精力努力做好本职工作，始终如一地干下去，用实力去证明一切，这样你就会给老板留下深刻的印象，老板会视你为左膀右臂，你难道还没有机会发展吗？

别被恐惧所统治

在工作中，恐惧不时出现在我们身边，它会摧毁一个人的意志，让你无法始终如一地、坚持不懈地做好本职工作，使你在挑战面前却步，不敢承担重任，使你无法更好地掌握和利用时机。无论是对职场前程的追求，还是在人际关系处理上，恐惧都是妨碍专注的员工走向锦绣前程的敌人。

工作恐惧的表现形式有很多种，比如害怕在工作中出现错误，担心工作做不好，觉得自己可能会被公司开除，害怕同事在上司面前打你的小报告，等等。在内心充满这样那样的恐惧状态下工作，工作状态是可想而知的。即使能力再高的人，也无法一心一意地工作。因为他的大脑被这种恐惧充溢，犹如天空中笼罩着锅底般的乌云一样，整个人处在黑暗的地狱，神经时时受到煎熬，致使自己变得神经兮兮，在种种担忧和恐惧的纠缠中盲目处事，无法做好工作。

更糟糕的是，久而久之，让恐惧统治自己工作的习惯一旦养成，就算没有具体实际或明显的理由，也会感到莫名的恐惧和不安。很显然，你的精力与时间将被恐惧所消耗，你根本没有精力去做工作。

由此可见，被恐惧统治工作的人，根本无法专注地工作，不能专注本职工作的人，就无法在工作中取得成绩。能在职场中脱颖而出的员工，从不掩饰自己的错误，他们勇于承担责任并积极寻求补救的办法。

萨姆是纽约电气公司的职员，他生来遇事便生恐惧。他非常在意上司的言行，上司无意中的一句话、一个漠然的表情，都会令他感到失业的恐惧。更为严重的是，每做一件事，他总是先想别人会怎么评价他，一想到别人会提出反对意见，会否定他的想法，他就无法安心工作，于是事情也就做不好了。最后，他总是没有让人满意的工作业绩，上司不得不把他列入了淘汰的名单。

毫无疑问，萨姆是工作恐惧心理的牺牲品。恐惧会让人盲目，使人无法正常发挥自己的潜能。一旦你在工作中受到了恐惧的控制，那你就不可能专心致志地做好工作。恐惧是意志的地牢，一旦它侵占你的思想领地，就会麻痹你的思维，摧毁你的自发性、热情和自信。

卡瑞是个聪明的工程师，他开创了空调制造行业，是世界著名的卡瑞公司的负责人。

年轻的时候，卡瑞在纽约州一家钢铁公司做事。有一次，他要去密苏里州的匹兹堡钢铁公司安装瓦斯清洗器。这是一种新型机器，他们经过一番精心调试，克服了许多意想不到的困难，机器总算可以运行了，但性能还没有达到他们预期的指标，可以说，卡瑞失败了。

卡瑞对自己的失败深感惊诧，仿佛挨了当头一棒，竟然犯了肚子疼的毛病，好长时间没法睡觉。最后，他觉得忧虑并不能解决问题，便琢磨出一个办法，结果非常有效，这个办法他一用就是30年，其实很简单，任何人都可以使用此方法克服工作恐惧：

第一步，卡瑞坦然地分析自己面对的最坏结局，如果失败的话，老板会损失2万美元，自己很可能丢掉差事，但没人会把他关起来或枪毙，这是肯定的。

第二步，卡瑞鼓励自己接受这个最坏的结果。他告诫自己，自己的人生历史上会出现一个污点，但还可能找到新的工作。至于老板，2万美元还付得起，只当交了实验费。从心理上接受了最坏的结果以后，他反而轻松下来了，感受到许多天来不曾有过的平静，肚子也不疼了。

第三步，卡瑞开始把自己的时间和精力投入到改善最坏结果的努力中去。

卡瑞尽量想一些补救办法，减少损失的数目，经过几次试验，他发现如果再用5000美元买些辅助设备，问题就可以解决了。果然，这样做了以后，公司不但没损失那2万美元，反而赚了1.5万美元。

如果卡瑞当时一直担心的话，恐怕不可能做到这一点。恐惧的最大坏处，就是会毁掉一个人的能力，使人思维混乱。

人的成功与失败，很大程度上取决于他能不能放开手脚做事。所谓放开手脚做事，就是集中精神、心无旁骛、专心致志。

由此可见，战胜恐惧的关键便是鼓足勇气采取行动。一个伞兵教练曾说："跳伞本身真的很好玩，让人难受的只是'等待跳伞'的一刹那。在跳伞的人各就各位之后，我让他们尽快度过这段时间。曾经不止一次，有人因幻想可能发生事故而晕倒，如果不能鼓励他跳第二次，他就永远当不成伞兵了。跳伞的人等待跳伞的时间拖得愈久就愈恐惧，就愈没有信心。"

其实，在做工作时，每个人心中都会或多或少有些恐惧，但专注的员工会鼓起勇气把恐惧转化为行动的动力。行动能够抚平焦虑不安的情绪，提升人们的信心，在锻炼中不断战胜内心的恐惧。而你若一味地等待、拖延，只会增强恐惧感，最后让你永远停滞不前。

当接手一项你没有把握的工作时，你一定要马上行动，不要犹豫。很多事情并不像你想的那样困难，你可能会很顺利地就做好了。即使第一次没做好，你也不要被恐惧吓倒，同样要积极地行动起来。你可以认真分析一下问题的症结所在，看看自己做的是否符合上司、部门和公司的要求，如果你找不出解决问题的方法，可以与同事讨论或向上司请教，赢得他们的支持，然后再去做。如果工作确实有难度，你还可以将它细分成容易执行的小任务，各个击破，一步一步地完成。当你始终处于行动的状态中时，就不会感到恐惧了，它会慢慢地从你的身上溜走。当你圆满完成任务再回头时，你会感到克服恐惧原来也很简单。

恐惧会让你故步自封，窝在自己的小城堡里不去尝试解决问题，也不愿去迎接工作中的种种挑战，使你失去创造性，这时，你需要训练自己，在工作时，把比较有创造性的想法列成清单，同时列出利与弊，分析它们之间的差异，然后挑选出最好的方法，用它去解决工作中的难题，这样你就会充满自信，抑制住心中的恐惧，让自己变得更有行动力，更加集中精力投入到工作中。

不要大事干不了，小事不愿干

在南方某市，街市上有一个捞鱼的摊子。有一天，一个年轻人来到摊前，买网捞鱼。或许是渔网太薄了，鱼一碰就破了，接连破了三张渔网，他却一条鱼也没有捞到。摊位旁的一位老者意味深长地对年轻人说："你总是捞那些又大又漂亮的鱼，渔网自然无法承受，这样下去，你永远也不会有收获的。"

现在许多年轻人内心充满了激情和理想，然而一旦面对平凡的生活和琐碎的工作，就变得无可奈何了。他们常常聚在一起高谈阔论，然而一旦面对具体问题，就会不知所措。正如上例中的年轻人，总想捞大鱼，最后却一无所获。

很多年轻人最容易犯眼高手低的毛病——大事干不了，小事不愿干。这个错误的工作习惯也是职场者不能专注工作的主观因素。

公司经营需要具有战略思考和整体规划，但更需要的是实施种种决策的执行者。

对于年轻人来说，无论未来在职场中的发展前途怎么样，这种专注执行的精神和行为都是必须具备的。只有那些对寻常工作能够专注地加以执行的人，才有可能在未来走上重要的岗位。

今天的年轻人在求职时念念不忘高职、高薪，并且对自己说："英雄须有用武之地。"然而当他们参加工作后，就会对自己说："如此枯燥、单调的工作，如此毫无前途的职业，根本不值得我付出太多的心血！"当他们遭遇困境时，通常会说："这种平庸的工作，做得再好又有什么意义呢？"渐渐地，他们不愿干琐碎的小事，想干一鸣天下惊的大事。这是一个多么错误的观念呀！

那些在事业上取得一定成就的人，无一不是在简单的工作和低微的职位上一步一步走上来的。他们总能在一些细小的事情中找到个人成长的支点，不断调整自己的心态，用恒久的努力打破困境，走向卓越。

专注于小事，不难成大事。一个人干一件小事并不难，难就难在始终如一地干小事。专注于工作中的寻常之事，是你成就职场前程的基础。

年轻人心中要有远大的理想，但在实际生活中又必须脚踏实地，根据自己的实力不断调整自己的方向，只有这样，才能达到自己的目标。

眼高手低的人永远无法取得成功。为什么华盛顿、林肯这样的伟人永远只是少数，因为世界上有着成千上万个和他们一样富有理想的人，却因眼高手低把机会给扼杀了。

许多年轻人也曾有过伟大的理想，但却总是三心二意、眼高手低。仅仅有理想是不够的，如果没有从小事干起的习惯，你将永远停留在起点上。尽管行动并不一定会带来理想的结果，但是不行动则一定不会带来任何结果。

不要让眼高手低束缚了你的手脚。工作中的每一件事，不论大小都值得你用心去做，而且对于那些小事更应该如此。无论你的工作地位如何平庸，如果你能像那些伟大的艺术家投入其作品创作一样投入你的工作，你的职场前程一定会锦绣灿烂。

亨利·福瑞大学毕业后进入一家印刷公司从事销售工作，这与他最初的理想相距甚远。但是，他知道自己所追求的目标，同时也了解自己的现实处境，尽管现实和目标相差很大，但他还是全心全意投入到新的工作中去。他将年轻人特有的热情和活力带到了公司，传递给客户，每一个和他接触的人都能感受到他的魅力。

尽管亨利工作才一年时间，但是他对工作的专注和自动自发已经影响很多人，他被破格提升为销售部经理，取得了人生阶段性的成功。

专注的员工从客观出发，总是执着而热情地对待工作，无论是琐碎小事，还是重任。成大业若烹小鲜，做大事必重小节。平凡的事情虽不能带来立竿见影的效果，但却如春风化雨般润物无声。因此，奉劝在工作中眼高手低的那些人，在追求做大事的同时，别忽视琐碎的小事，因为成大事者都是从简单的事情做起，从小事做起。

不要总是说"我做不到"

信心代表着一个人在事业中的精神状态、对工作的热忱以及对自己能力的正确认知。

专注的员工在成功之前,总是充分相信自己的能力,深信自己必能成功。所以在工作中,他们凭借这份信心,以无比的热情专注地工作,结果也正如他们所料。

有一个16岁的男孩在一家五金公司当收银员,他一门心思地扑在工作上,希望通过脚踏实地的工作获得步步高升。他做起事来,永远抱着学习的态度,事无大小,总是全力以赴,专心把工作做得更好。他希望以此获得经理的信任,提升他为推销员。

可是,令男孩万万没有想到的是,经理对他的专注、勤奋视而不见,反而对他的印象非常坏。有一天,他被唤进经理室,遭到经理的一顿斥责:"老实说,你这种人根本不配做生意,我这里用不着你了。"

对于16岁的小男孩来说,这一番话无异于平地响雷,因为他想不到自己的努力会得到这样的结果。一个年轻气盛的人,踏入社会不久,便遭到这样的挫折,自信心必然大受打击,甚至从此消极工作。但小男孩却平静地对经理说:"你说我其实无用,这是你的自由,但这并不减损我丝毫的能力,也无法磨灭我的意志。看着吧,迟早我要开一家公司,规模一定要比你的大10倍。"

小男孩从挫折中走出来,仍然全心全意地工作。借着一次次激烈的挫折,小男孩努力进取。几年后,果然有了惊人的成就。他就是美国著名的玉米大王史坦雷。

一个人在工作中总会遇到各种大大小小的挫折，比如你的想法得不到上司的支持，公司里有人阻挠你的工作，你的主动提案总遭遇失败等。但这些并不可怕，在任何困难和挑战面前仍坚持不懈地专心工作，相信自己一定能够成功。

然而，很多职场中人（尤其是年轻人）心理素质很差，意志力较差，禁不起一点点的失败。在工作中遇到挫折，就对自己失去了信心，认为自己不行，一天到晚愁眉不展，怨天尤人。如果这样一直消沉下去，到最后就会对自己越来越没信心，认为自己一无是处，便会破罐子破摔，自暴自弃。在充满竞争的职场中，只有你自己才能鼓起自己的信心，鼓励自己更好地迎接每一次挑战。

相信自己，激励自己的第一步就是了解自己的优点和长处，正确地评价自己，不要掉入怀疑自己的陷阱。记住：每个人都是独一无二、不可取代的，每个人都有比他人卓越的优势；充分发挥自己的特长，你就有取得非凡成就的机会，就会有个锦绣的前程。

改掉马虎轻率的毛病

在世界500强公司中，大部分公司的企业文化都揭示了这样的道理：作为公司的一员，无论是在工作中还是在生活中，每个人都应做到认真慎重，以专业制胜。马虎轻率、缺乏专注心的行为和习惯是导致许多人失败的最严重的错误之一。职场成功取决于专注本职工作，而马虎轻率、缺乏专注心却是妨碍专注的主观因素。

其实，轻率和马虎所造成的祸患超乎人们的想象。1995年，九江为增加防洪抗洪能力，花巨资在原堤上增建了防护墙。可遗憾的是，无论是各级领导，还是施工单位的职工，人人都把这当作儿戏，在这次增建的堤身中竟然连钢筋都不曾放入。

在1998年的特大洪灾中，曾被当地人夸口为"固若金汤"的干堤又怎么样呢？竟无丝毫抗洪作用。那次的损失是无法计算的，究其原因，就在于施工者没有专注的职业精神，马马虎虎，不追求尽善尽美。

大兴安岭大火，是由于林业工人不经意抛在地上的烟蒂所引起，从而给国家和人民带来了无法计算的巨大损失。致人残废的事故也时常听到，也都是由于人们马虎轻率等种种恶习所造成的后果。

在公司中，许多员工做事总是马虎轻率，缺乏专注心，只求差不多。从表面上看，或许他们非常努力，也很敬业，但结果其实无法令人满意，往往是平平庸庸。

许多需要众多人手的企业经营者说："最感头疼的便是员工无法或不愿意专心去做一件事。马虎轻率，漠不关心，三心二意的做事态度似乎已经变成习惯，除非威逼利诱，否则，这些人很难会一丝不苟地把事情做好。"

对于马虎轻率的下属，有哪个上司敢提拔他呢？因为这种人一旦成为领导，其恶习也必定会传染给下属——在组织中，上行下效是非常快捷的。上司的马虎轻率一旦渗透到各下属的灵魂里，每个员工都放松对自己的要求，整个公司的发展必然受到影响。

在许多员工眼里，有些事情简直微不足道，但积少成多，积小成大，而且，那些不值一提的小事很可能影响他们在老板心目中的形象，影响他们的晋升。在纽约的一家纺织公司的墙上有这么一句格言：在此一切都求尽善尽美。

很显然，如果每个劳动者都恪守这一警句，就会避免很多祸患。要想一切都尽善尽美，一方面要认真慎重地对待琐碎的工作，另一方面就是要持之以恒，坚持不懈。许多年过半百的人之所以依然徘徊不定，就在于他们在年轻的时候无法果断地选择一个正确的工作方向并持之以恒地坚持下去。

不要总是觉得工作无聊

许多公司员工无法专注于本职工作，因为他们对工作无兴趣，在工作中懈怠而非专心致志。无数的职场事例表明，懈怠产生无聊，无聊则导致懒散。世界上没有天生的懒人，人总是期望有事可做。

然而，许多年轻人都有这样一种想法：我的工作太单调、琐细了，或是我的工作没有什么前途………在各种借口和抱怨之下，他们便开始懈怠工作。一旦懈怠进入你的工作，你的工作兴趣便迅速被吞噬。用不了多久，你便无法对工作产生兴趣，没有兴趣则没有热忱和进取心。于是，糊弄、懈怠工作，最后导致了懒惰的恶习。

专注的员工对工作尽心竭力，从不松懈对工作的干劲，以专业制胜，力求把工作做得更好。

懈怠是一个很坏的工作习惯。对一个渴望锦绣前程的职场中人来说，懈怠最具破坏性，也是最危险的恶习，它使人根本无法把精力用于工作中，一旦开始推诿懈怠，就很容易变成一种根深蒂固的恶习，而且这种恶习很难被根除。

习惯性的拖延者通常也是制造借口与拖辞的专家。很显然，如果你存心推诿逃避，把"工作太困难、太费时"等种种理由合理化，要比相信

"只要我全心全意地工作，就能完成任何工作"的念头容易得多。

懈怠是对生命的挥霍。在许多组织里，有很多成员懈怠工作。如果把工作情景摄录下来，你就会惊讶地发现，懈怠正在不知不觉地消耗着我们的生命。其实，懈怠是人的惰性在作怪，每当自己准备专心工作时，就会找出一些可以安慰自己的借口。专注的员工能果断地战胜惰性，把全部精力用在工作上，积极主动地面对挑战；而平庸的人，则在惰性的"泥潭"里不知所措。

实际上，懈怠工作是对惰性的纵容，一旦形成懒惰的恶习，就会消磨人的意志，使你对自己越来越没有信心。

任何人都要经过坚持不懈的努力才能有所收获，收获的成果取决于个人专注工作的程度。

第五章　如何凭借专注创造高效率

　　时间是最公平的资源，一个人活一天就拥有24个小时。你浇灌哪里，哪里就可能长出灿烂的花朵。你每周读一本书，10年就是500多本，你就可以涉猎百家；你每天写500个字，10年就是180多万字。专业无他，专注而已，专注是提高效率的重要条件。

在专注中培养高效创新能力

创新是一个民族的灵魂,也是推动企业发展的灵魂,可以说,没有创新就没有社会的发展进步。其实,在专注中培养创新能力与从事园艺活动很相似。为了打理好你的花圃,你需要准备土壤,种植种子,确保充足的水、光照和养料,然后耐心地等待有创造性的观点破土而出。那么,如何在专注中培养高效的创新能力呢?

对创造性的环境进行深入探讨

创造性的思想不是在真空中产生,而是来自艰苦的工作、学习和实践。例如,如果你想在烹调方面有所创新,你就需要读有关烹调的书,掌握烹调的技艺,尝试新的食谱,光顾大量的餐馆,接受烹调方面的培训。你懂得这方面的知识越多,你就越有可能做出美味的、与众不同的佳肴。

同样,如果你正为一项工作专注地绞尽脑汁,想在这个问题上有所建树,那么,你就需要全身心地投入到这项工作中,对其关键的问题和环节做深入的了解,即对这项工作进行批判的思考,研究这个问题,通过与他人讨论来搜集各种各样的观点,思考你自己在这个领域的经验。总之,要认真地研究具体的环境，为你创造性的思想准备"土壤"。

亚历山大·弗莱明发现青霉素的过程，可以说对创造性过程的第一个阶段做了最好的说明。发现青霉素从表面上看来，似乎是一系列偶然的巧合。虽然弗莱明多年来一直试图发现防止细菌传染的方法，但是，直到有一天，他鼻子里的一滴黏液恰巧掉在了一个盘子里，而在这个盘子里，恰巧盛有他一直用来做实验的溶液。这两种液体的混合导致了对抗生素的初步发现，但是，它的效力还很弱。

7年以后，一次偶然的机会才导致了我们今天熟悉的抗生素，即青霉素的诞生。但这个发现并不是只靠运气：弗莱明为寻找有效的抗生素已经苦苦奋斗了15年，当这些偶然性来临时，他能意识到并果断地抓住了它们。

这就是另一位著名的思想家路易斯·巴斯特对这类创造性的突破做出的合理总结："运气只会光顾有准备的人。"

开发脑力资源的最佳状态

有了必备的知识做基础，就可以把你的精力投入到你的工作上来了。要为你的工作专门腾出一些时间，这样你就能不受干扰，专注于你的工作了。

当人们专注于创造性过程的这个阶段时，一般就完全意识不到发生在周围的事，也没有了时间的概念。当你的思维处于这种最理想的状态时，你就会竭尽全力地做好你的工作，挖掘以前尚未开发的脑力资源——一种深入的、"大脑处于最佳工作状态"的创造性思考。

在现实生活中，常常有人试图在精力不集中的时候，如看电视、听广播、谈话时工作，这样做根本就不能达到工作的目标。大多数人需要全身心的集中，以便在大脑处于高峰工作期时进行工作。

因为有益的环境是重要的，为了点燃你创造性思想的火花，你的思想要时刻做好准备。你需要训练你的大脑做到专心，这样你才能有很高的工作效率。为了从你创造性的"本质"中捕捉到一些细微的信号，你需要使你自己变得更敏感。

这是使你认识到你的创造性自我的一个有用的方法：它存在于你的"本质"，你未污染的自我，你的核心，你真正的人格之中。这个"本质"是我们所有人基本的组成部分，而创造性的思考则是理解这个真正的自我、你的隐秘的自我、精神的自我的关键。创造性包括你的生活要在你的"本质"的指导下来进行，你的"本质"是你创造性冲动的诞生之地，你的"本质"是你精神的核心，即你大脑中的意识和无意识层次密切配合的地方，它能使独特的创造性在你的身上结出丰硕的果实。用心理学家阿瑟·考斯特勒的话来说就是："创造性的大脑是意识和下意识之间不同层次的统一体。"

具备这种专心致志的能力，对于"思想做好准备"是很必要的。

促使创新思想产生

创造性的思考要求你的大脑松弛下来，创造性的灵魂看着一件事，盯着另一件事，在这些事情之间寻找联系，从而产生不同寻常的可能性。为了把你自己调整到创造性的状态上来，你必须从你熟悉的思考模式，以及对某事的固定成见中走出来。为了用新的观点看问题，你必须能打破看问题的习惯方式。为了避免习惯的"智慧"的束缚，你可以用以下几种技巧来活跃你的思维：

（1）群策攻关法。群策攻关法是艾利克斯·奥斯伯恩于1963年提出，它建立在与他人一起工作从而产生独特的思想，并创造性地解决问题这种方式所具有的力量的基础上。在一个典型的群策攻关期间，一般是一组人在一起工作，在一个特定的时间内提出尽可能多的思想。提出了思想和观点以后，并不对它们进行判断和评价，因为这样做会抑制思想自由地流动，阻碍人们提出建议。批判的评价可推迟到后一个阶段。应鼓励人们在创造性地思考时，善于借鉴他人的观点，因为创造性的观点往往是多种思想交互作用的结果。你也可以通过运用你思想无意识的流动，以及你大脑自然的联想力，来迸发出思想的火花。

（2）创造"大脑图"。"大脑图"是一个具有多种用途的工具，它既可用来提出观点，也可表示不同观点之间的多种联系。你可以这样来开始你的"大脑图"：在一张纸的中间写下你主要的专题，然后记录下所有你能够与这个专题有联系的观点，并用连线把它们连起来。让你的大脑自由地运转，你应该尽可能快地工作，不要担心次序或结构，让其自然地呈现出结构，要反映出你的大脑自然地建立联系和组织信息的方式。一旦完成了这个工作，你能够很容易地在新的信息和不断加深理解的基础上，修改其结构或组织。

（3）坚持写"做梦日记"。梦是通向无意识的捷径，是发现创造性思想的丰富、肥沃的土壤。除了从你的日常生活中获取思想之外，梦也表达了你内心深处思想过程的逻辑和情感，而它们与你创造性的"本质"紧密相连。梦具有情感的力量，生动的图像，以及不寻常的（有时候是奇怪的）联结，它可以作为你创造性思考的真正的催化剂。然而，就像是阳光下的露水会被蒸发掉一样，梦是很容易被忘记的。为了抓住你的梦，在你的床边放一个便笺簿，把你所能回忆起来的梦中的情景记下来。你梦中的其他情节很可能会在白天被突然想起，尽可能地也把这些额外的细节记下来。记录完你做的梦以后，要想办法破译你做的梦的含义，但是，也要让梦的内容刺激你创造性的想象力。

为创新思想留出酝酿时间

把精力专注于你的工作任务之后，创造性程序的下一个阶段就是停止你的工作。虽然你有意识的大脑已经停止了积极的活动，但是，你的大脑中无意识的方面仍继续在运转——处理信息，使信息条理化，最终产生创新的思想和办法。这个过程就是大家都知道的"酝酿成熟"的阶段，因为它反映了有创造性的思想的诞生过程，就像雏鸡在鸡蛋里逐渐生长直至破壳而出的过程一样。当你在从事你的工作时，你创造性的大脑仍在运转，直到豁然开朗的那一刻，酝酿成熟的思想最终会喷薄而出，出现在你大脑意识层的表面上。有些人说，当他们参加一些与某项工作完全无关的活动时，这个豁然开朗的时刻常常会来临。

有时候，尽管我们绞尽脑汁也想不起来一个人的名字或重要的细节。在这种时候，如果你停下来，不去想这个问题，把你的注意力转移到其他的事情上，常常会发现这个你百思不得其解的问题，会不打招呼地突然出现在你的脑海中，仿佛在你的大脑中编了一个计算机程序，它不停地进行扫描、处理，直到答案突然出现在屏幕上。

当然，要想让酝酿成熟的过程发生，你必须给它足够的时间。回想一下上一次你没有留出足够的时间来准备的会议或写的一个报告。后来，你可能已经意识到，由于你没有给大脑留出足够的完成工作的时间，所以你与创新的思想和有见地的战略擦肩而过。尽管你可以用给鸡蛋增加温度的办法来加速雏鸡孵化的过程，但是，创造性作为一个自然的过程不能被缩短或删减。如果你过早地让创造性破壳而出，你得到的只是一顿早餐，而不是一只毛茸茸的小鸡。你需要给创造性留出足够的运作时间，直到"豁然开朗的那一刻"出现，这是你对创造性的过程尊敬的表现。

如果豁然开朗的那一刻不出现，如果你竭尽全力，按照所有的步骤为你创造性的园圃整地施肥，那么，有新意的思想一定会破土而出，你看见这个创造性的过程运转的次数越多，你的信心就会越大。请想想你生活中曾有过的"我找到了！"的时刻，并在你的"思考笔记本"上把它们记下来。这不失为一种解决问题的独特的方法，以及一条实现目标或提出有新意的观点的好途径。

追踪思想的火花

创造性的思想火花一出现，很令人振奋，然而，这只是标志着创造性过程的开始，而不是结束。如果在创造性的思想出现时，你意识不到，不能对其采取行动，那么，你脑子里出现的创造性的思想就没有丝毫的用处。在现实生活中，经常会有这样的情况，当创造性的思想火花出现时，人们并没有给它们以极大的关注，或者认为不实用而忽略了它们。你必须对你创造性的思想有信心，即使它们似乎是古怪的或远离现实的。在人类发展史上，许多有价值的发明一开始似乎都是些不大可能的想法，它们往往被世人所嘲笑和不齿。例如，尼龙粘扣的想法就来源于发明者穿过一片田地时，粘在他裤子上的生毛刺的野草。具有黏性的便条，是偶然发现了不太有黏性的胶粘剂的结果。1928年，一个初出茅庐的会计师W.E.笛墨在业余时间用树胶做实验，无意间做出了第一批口香糖。

有了想法以后，对它们进行创造，使其变成现实，是一项很艰苦的工作。大多数人喜欢提出具有创造性的思想，并与他人进行讨论，但是，很少有人愿意拿出更多的时间，付出努力，使想法成为现实。当发明家爱迪生宣布"天才是百分之一的灵感加百分之九十九的汗水"时，他并没有夸张。在任何一个领域，做出有意义的创造性的成就，一般都需要数年的实践、体验和再加工。即使某项发明是瞬间做出的，而这个瞬间往往是辛苦和勤奋的冰山一角。这也就是为什么当有人问著名的摄影家阿尔弗雷德·爱斯坦德特,拍一张受人称赞的照片要用多长时间时,他回答是"30年"。虽然爱因斯坦在26岁时就提出了相对论,但事实上,他从16岁开始就一直在潜心研究这个问题了。

  这一切都说明有效的思考既包括创造性的思考,也包括批判性的思考。当你运用你的创造性的思考能力提出创新的观点后,接下来你必须运用你的批判性的思考能力对你的观点进行评价和再加工,并制订出切实可行的实施计划。然后,你需要有落实计划的决心,并克服在实施过程中遇到的困难。但是,无论是批判的思考还是创造性的思考,你都需要掌握克服阻碍你思考的方法。

在专注中进行细节突破

  创新是一个永远不老的话题,创新并不是少数天才的权利,每个人都能创新。在细节中创新,就是要敏锐地发现人们没有注意到或未重视的某个领域中的空白、冷门或薄弱环节,改变思维定式,从而进入一个全新的境界。

  在一个世界级的牙膏企业里,总裁目光炯炯地盯着会议桌边所有的业务主管。

  为了使目前已近饱和的牙膏销售量能够再加速增长,总裁不惜重金悬赏,只要能提出足以令销售量增长的具体方案,便可获得高达10万美元的奖金。

  所有业务主管无不绞尽脑汁,在会议上提出各式各样的点子,诸如加强广告、更改包装、铺设更多销售点,甚至于攻击对手等,几乎到了无所不用其极的地步。而这些方案,显然不为总裁所欣赏和采纳。所以总裁冷峻的目光，仍是紧紧盯着与会的业务主管，使得每个人皆觉得自己犹如热锅上的蚂蚁一般。

在会议凝重的气氛当中，一位进到会议室为众人加咖啡的新加盟企业的女孩无意间听到讨论的议题，不由得放下手中的咖啡壶，在大伙儿沉思更佳方案的肃穆中，怯生生地问道："我可以提出我的看法吗？"

总裁瞪了她一眼，没好气地说道："可以，不过你得保证你所说的能令我产生兴趣，否则你随时准备走人。"

这位女孩轻巧地笑了笑，说："我想，每个人在清晨赶着上班时，匆忙挤出的牙膏，长度早已固定成为习惯。所以，只要我们将牙膏管的出口加大一点，大约比原口径多40%，挤出来的牙膏重量，就多了一倍。这样，原来每个月用一管牙膏的家庭，是不是可能会多用一管牙膏呢？诸位不妨算算看。"

总裁细想了一会儿，率先鼓掌，会议室中立刻响起一片喝彩声，那位女孩也因此而获得了奖赏。

这就是在细节中求创新的益处，它可以把你从毫无头绪的困境中带入柳暗花明又一村的境界，它值得每一位企业员工学习。也许某个不经意的举动，就可以使你灵光一现，你便会有所突破、有所创新。

在专注中找到高效的工作方法

在我们的身边，总不乏这样一些人，他们不论是星期天还是休假日，都不惜将自己全部的精力专注地放在工作上，一旦工作中断，他们就像丢了魂似的，心神不定。

可不幸的是，这种人往往很难飞黄腾达。这是为什么呢？许多精明的领导从下属的忙碌中能看出许多问题,他们中的相当一部分人因为自己的能力有限,于是就希望通过忙碌来引起领导的注意,他们生怕自己被忽视,便加倍地忙碌,其目的在于把自己表现为一个能干的人。但精明的领导总能透过他们的工作,看出他们的本领,而无须探询他们忙得团团转的理由。因为,困难的工作,不一定会使人显得很忙。而终日忙得晕头转向的人不一定是个能干的人。

　　日本有部心理学著作认为,有的人总是表现得废寝忘食,其实他内心隐藏着本质上的怠惰。上级领导往往认为这是一个对工作缺乏关心和兴趣的人,他也许是害怕遭到别人的非难和惩罚,以致陷入战战兢兢的状态,倘若受不了连续的紧张,为了消除内心的紧张和不安,他只好采取一种期待赞赏的行动,这样一来,他便成了一个忙忙碌碌的员工了。

　　有的人事事认真,每天脑子里的弦都绷得紧紧的。一旦上级对自己不赏识,他们中的许多人便会产生怨恨心理,抱怨上级有眼无珠,看不到自己付出的辛劳、付出的时间等,并往往因此而怠惰工作。有的领导对这种忙忙碌碌的人,是很反感的。

　　正常人的生活总要分为工作、家庭和闲暇三部分。每个人都需要根据自己的情况,合理分配这三方面的时间,借此获得身心的平衡和稳定。一旦全力以赴地投入到某一方面而又没有得到满足时,这三方面的平衡便会立即被打破。

　　虽然有时不能合理安排自己生活的人,常常能成为一个好的能干的职工,但这种人做主管是不太合适的,因为他们不太适合做管理人、调度人。试想,他对自己的需要和愿望都不能很好地安排,又怎能及时满足大家的各种欲求和充分调动大家的积极性呢?因此,这种人往往得不到正常的升迁。

高效工作强调的是效率,即让我们更快地朝目标迈进;重视效率是做一件工作的最好方法。如果我们有了明确的目标,确保自己是在做有效率的事,接下来要"成事",就是"方法"的问题了。

有人认为,优秀的员工一定是最忙碌的人,其实,优秀的员工并非是最忙碌的人,他们十分注重工作方法,张弛有度。他们非常清楚自己的生活方向,也善于安排时间、控制节奏,知道自己该在什么时间做什么事情。即便是忙,也极有规律。

事实上,每天忙忙碌碌的人,干的工作并不一定有成效,在如今信息庞杂、速度加快的职场中,我们必须在越来越少的时间内,完成越来越多的事情。

运用高效的工作方法是克服无为的忙碌,获取成就的最佳途径。

化繁为简,把复杂的问题简单化

在每做一件事情之前,应该先问自己几个问题:

这项工作是必须做的吗?是根据习惯而做的吗?可不可以把这项工作全部省去或者省去一部分呢?

如果必须干这件工作,那么应该在哪里干?既然可以边听音乐边轻松地完成,还用得着待在办公桌旁冥思苦想吗?

什么时候干这件工作好呢?是否要在效率高的宝贵时间里干最重要的工作?

这件工作的最好做法是什么?是抓住主要矛盾迎刃而解,收到事半功倍的效果,还是应采取最佳的方法而提高效率?

区分先后与轻重,工作秩序条理化

工作秩序条理化是防止忙乱、获得事半功倍效果的最好办法。

(1)保持办公桌整洁。去掉与目前工作无关的东西,确保你现在所做的工作是此刻最重要的工作,所有的工作项目都在档案中或抽屉里占有一定的位置,并把有关的东西放到相应的位置上。

(2)懂得有所拒绝。我们不可能把所有的事情都一个人做完,一个人要学会调整自己,要懂得拒绝。有些事情是不是值得做,如果不值得,那么就干脆放掉它,去做其他更重要的事情。要力戒干扰或因你厌烦了手头上的工作,而放下正在做的事情去干其他呼声较高的工作。一定要保证你在结束这项工作之前,采取了所有应该采取的处理措施。万一遇到自己能力范围之外的事,可以集思广益,一起解决。

(3)主动协助领导排定优先顺序。也许你常有"手边的工作都已经做不完了,又丢给我一堆工作,实在是没道理"的烦恼,你应该与领导多沟通,主动地帮助其排定工作的优先顺序,这样便可大幅减轻工作负担。

灵活机动,工作方法多样化

(1)找到最佳方法。原有的工作方法未必就是最好的,对原来的方法加以认真分析,找出那些不合理的地方,加以改进,使之与实现目标相适应。

也可在明确目的的基础上,提出实现目的的各种设想,从中选择最佳的手段和方法。

(2)重新排列做事顺序。即考虑做工作时采取什么样的顺序最合理,要善于打破自然的时间顺序,采取电影导演的"分切""组合"式手法,重新进行排列。

(3)避免重复劳动。如果有两项或几项工作,它们既互不相同,又有类似之处,互有联系,实质上又是服务于同一目的的,就可以把这两项或几项工作结合起来,利用其相同或相关的特点,一起研究解决。这样就能够省去重复劳动的时间。

（4）善于劳逸结合。尽可能把不同性质的工作内容互相穿插，避免打疲劳战，如写报告需要几个小时，中间可以找人谈谈别的事情，让大脑休息一下；又如上午在办公室开会，下午到群众中去搞调查研究。

（5）经常性问题标准化。即用相同的方法来安排那些必须时常进行的工作。比如，记录时使用通用的、明白易懂的符号，这样一来就简单了。对于经常性的询问，事先可准备好标准答复。

在专注中充分发挥内在潜力

一个人的智力素质属于内在潜能，体力素质属于外在潜能。内因决定外因，外因要依靠内因才能发挥作用，在专注中充分激发你的内在潜能，才能有所成功，有所建树。

潜能是自己体内或身上还没有开发利用的各种爆发力，任何成功的主要原因都是充分开发利用了内在和外在的巨大潜能。

如何激发内在潜能？简单说来，就是充分发挥、运用自己的才能，使之不断得以提高，达到较高水准。

人的天赋，相差是不大的，有的人之所以能够成长为能量较大的人才，是因为"经过了锤炼"。铁可百炼成钢，人可百炼成才。

激发内在潜能，具体地讲，可从以下几个方面着手：

下苦功掌握知识，并使之系统化

能力、才能、智力并不是不可捉摸的东西，它们是在掌握知识的过程中形成的，同时又表现在掌握知识的过程中。离开学习知识，单纯地去追求什么能力、智力，是不可想象的。对青年职工来讲，首要的是扎扎实实地学知识。

养成勤于思考的习惯

大凡著名的成功人士都是思想上的勤奋者。牛顿说:"思索,继续不断地思索,就可以渐渐地见到光明……如果说我对世界有些贡献的话,那不是由于别的,仅仅是我辛勤耐久的思索所致。"常用的钥匙总是发亮的,勤思的头脑总是多智的。激发内在潜能,必须使大脑经常保持在有弹性地积极思维。

在实践中勇于创新和创造

实践出真知,实践出智慧。任何人的能力、才能都是在实践中增长起来的。

作为职工不仅要继承,而且要勇于创新、创造。创新、创造是具有更高一层意义的实践,所以具有更大的艰巨性。任务和事业的艰巨性,犹如高温的熔炉,经过火的洗礼,才能使钢铁更加坚韧。创造性是人类才能的最高表现,充分发挥创造性,也是充分激发内在潜能的最佳途径。

在专注中创造学习的方法

打破常规

每个人都知道钢铁的密度比水大,因此推测钢铁在水中必然下沉是顺理成章的,甚至我们可以很容易地用实验来验证这一点。然而,如果这个常识占据我们的头脑,并阻碍我们的思维的话,恐怕到今天我们也只能划几只木船来做些短程的航行。

对于绝大多数的人来说,在没有什么利害相关的事情相通时,很容易陷入一种惰性思维模式之中。常识和前人的经验是这种惰性思维模式遵循的金科玉律,是它得以维持的原因。我们常常容易犯的一个错误是:躲在前人的绿荫底下，不敢越雷池半步。在知识快速更新的今天，这种学习方式显然要被淘汰。

创造性的学习，就是在学习和解决问题的过程中，不能拘泥于前人的经验和常识，必须开辟新的道路、寻找新的突破点，必须打破常规、抛弃曾奉为金科玉律的一切，换一个角度来思考。

正如歇洛克·福尔摩斯所说："排除了一切不可能的，不管多么荒诞，剩下的就是可能的。"解决问题或达到目标的途径不止一种。爱迪生在发明电灯时经历了一万次失败，但对此他只是淡淡地说："我发现了一万种不能做成电灯的方法。"

创造性需要的正是这种态度。这条路不行，没有关系，换条路试试，总有一条路行得通。古时人们认为人类绝无可能飞起来，因为我们没有像鸟一样的翅膀。但为什么一定要有翅膀才能飞呢？换个角度考虑，飞机终于实现了人类飞翔的梦想。

不过，我们需要记住的是，换角度思考和开辟新道路去解决问题绝不是不需付出代价的。爱迪生发明电灯就试验了上万次，布鲁诺因为提倡日心说被火烧死，有更多的人终其一生也许都没有找到最终的答案，从而遗憾终生。

为什么创造性学习如此艰难？道理很简单，在平时的学习中你只是在做只有一个或有限个答案的选择题，而且答案常常都是现成的，你只需要良好的或足够的耐心就可以完成。创造性学习则要求你要在无限的可能中找出一个答案来。而且，在寻找答案的过程中可能会对传统知识体系及其权威们提出挑战，而这种挑战好像是一个3岁的儿童对付数千头喷火的恐龙一样。

第五章　如何凭借专注创造高效率 | **143**

舍繁就简

四百多年前哥白尼提出日心说时，他并没有观察到地球是在绕着太阳转的。他只是觉得地心说太复杂了：有80个圆球整天在地球的周围绕来绕去，既不和谐，又不美观。哥白尼坚信大自然绝不做任何多余的事情，因此他将那些复杂的圆球统统简化掉，并创造出一个假想的"哥白尼宇宙"：地球自转着，并绕着太阳转。这样，那些看似复杂的绕着地球的圆球骤然变得明朗起来，它们的轨迹也变得分外清晰。哥白尼这一简化，居然简化出了近代科学的开端。

哥白尼的这一简化无疑具有空前绝后的意义，因为这一简化揭示了宇宙间唯一可以长存的一条规律，只有最优才能存在。

在知识经济时代，个人所获得的信息量大得惊人。这为我们进行创造提供了充足的信息积累，但往往也容易使我们陷入无穷无尽的故纸堆里走不出来。如果不想被复杂的狂涛所淹没，那么简化就是第一步。事实上，最复杂的事情往往是由最简单的成分所构成的。现代分析学的理论表明，任何看似复杂的图形，其实都是由几个非常简单的几何图形经过若干次的叠加而形成的。

"最简单的，也就是最有效的"，这一大自然的法则在蜜蜂采蜜时也得以巧妙地运用。蜜蜂采蜜时所采取的行动路线，如果用几何图来表示是最普通的放射状圆。然而在这简单的路线上，蜜蜂不会漏掉任何一个可能的采集点，同时又走了最短路线。相对论作为一种复杂的近现代物理学理论，很多人可能都认为其推断过程必定经过了天书式的演算和实验。事实上，爱因斯坦仅靠单纯的演绎法建立了它，而其表现形式更是人所共知，很简单：$E=mc^2$，难道还有比这更富于说服力的吗？

因此，当你在处理一件复杂的事情时，首先不要被其庞杂烦琐的外在表象所吓倒，更应大胆地去简化。在大胆地简化之后，也许一个崭新的世界正在等待着我们。

自由幻想

在传统的学院式知识传播体系中，自由的联想和幻想很容易与"无稽""不务正业"等贬义甚浓的词联系起来。然而，这正是学院式的知识传播体系不能适应新时代之处，学院式的教育只是在培养一代又一代传播知识的"工具"，而不是可以改变世界的真正人才。

在电脑未曾诞生，知识积累尚不甚丰富的时代，这些传播知识的"工具"也是必需的。但在一个手掌大小的CD-ROM上就可以存放人类几十年甚至上百年知识的时代里，就显得滑稽可笑了。

为什么要做"自由"的联想和幻想呢？这是因为在无限制的情形下，人脑的活力将得到最大的加强，也最容易闪现出新的火花。正如我们在谋求简化时所说的，大自然绝不做多余的事。

因此，事物之间各种看似复杂的关系，其本质的联系其实非常简单。联想和幻想的目的就是去找到这种简单的联系。但普通的联想和幻想很容易被惯常的思维定式所禁锢，而无限的联想和幻想却使得我们能在更大的空间里去找寻答案。

所以，我们需要记住的是，无论你的想象多么荒诞或不可理喻，如果有助于解决问题或者使你产生绝妙创意，那么你就采取了正确做法。当爱因斯坦思考相对论时，他正在做着白日梦，幻想着自己正骑在一束光上，做着太空旅行，然后思考：如果这时在出发地有一座钟，从我坐的位置看，它的时间会怎样流逝呢？这样做并不复杂，我们何不也尝试着做一做呢？

动用感官

创造性学习是一种大脑的活动，而大脑与外界信息的直接联系中转站却是各类感官。由于各类感官收集信息的渠道不一，反馈强度相左。因此，它们替大脑收集的信息不但不会相互干扰，反而由于相互间的补充而得到整体的加强。

我们的大脑就是这样处理信息的：它绝不做简单的累加，而总是将能引起最多脑细胞活动的各类信息的联结点找到，然后有点类似于核子爆炸的链式反应般引发大脑的活动。很明显，寻找到的联结点越多，大脑的活动越强烈，产生创意的机会也就越多。

必须注意的是，联结点是引发链式反应的关键，多种感官的参与只是外在表现而已。没有联结点的多感官收集的信息将不可避免地产生相互干扰，导致大脑接收到信息的质量甚至比单感官收集的还要差。

重点培养

我们不必事事都研究，可以从事某一方面的专门研究，不仅可以充实自己，也可以增加自己在别人心中的分量。只要我们在某一方面的知识稍多一点，对于自身的发展是大有好处的。

一个人的知识储备越多，经验越丰富，生活也就越充实。在激烈的竞争中，没有或缺乏知识，就如同失去了应战的本钱。

要想自己的创意能够真正成为解决问题的良方妙药，必须认真地研究变化，不断学习，去适应时代的发展，用新知识充实你的创意。

随着时代的变迁，一些法规、政策，甚至习惯都在不断变化，比如过去的商业法规就是去发现需求，满足需求，现如今事物在迅速地变化，随着人们生活水平的提高，人们的价值观念、期望值也在不断提高。

领导时刻都把目光盯向那些掌握新技能、能为企业提高竞争力的员工，你若不想落伍，就必须找出自身知识的缺陷，迎头赶上。

所以要不断加强学习，用新知识、新观念来充实自己的头脑。不要担心学不到知识，只要你用心去学。正如博斯威尔所说："对知识的渴求是人类的自然意向，任何头脑健全的人都会为获取知识而不惜一切。"

一个人拥有知识并不是最终目的，将所学到的知识迅速转变为提高工作效率的能力，不断将之充实到各项创意当中去，才是我们追求的终极目标。

由掌握知识到不断发挥自己的才学使其变为本领，这是一个升华的过程。在这个升华的过程中，除了要有一个正确的思考方法以外，更重要的是我们始终把这一过程当作是一个提高自身竞争力的过程。

要学会怎样把知识变为能力，用知识丰富想象，不断推出新的创意，善于灵活运用所掌握的知识去参与竞争，在理想与现实之间架起一座成功的桥梁。

正如比尔·盖茨所说："一个人如果善于学习，他的前途会一片光明，而一个良好的企业团队，要求每一个组织成员都是那种迫切要求进步、努力学习新知识的人。"

对呼啸而至的科技大潮你可以惊叹不已；

对身边世界日新月异的变化你也可以暂时目瞪口呆；

对一些新知识你可以表现得茫然无措。

但是，所有这些都不应该成为你放弃学习的借口。要知难而进，不断学习新知识、新技能以充实你的头脑，只有这样你才能与时俱进，才不会被时代所抛弃。

在专注中做高效的技能型员工

技能型人才就是既掌握高端技能，又能将其技能很好地与现代知识技术相结合的专业人才，这类人才又被形象地称为"现代工匠"。在仍以制造业为主的经济社会中，成为"现代工匠"无疑等于捧了一个"金饭碗"。

在今天，传统的木匠发展成了家居装潢设计、家具维修的"现代木匠"；泥瓦匠成了现代物业管理、厨卫设备安装维修的"现代泥瓦匠"；铁匠成了机械工艺与设计技术、机床设备维护技术的"现代铁匠"；石匠则成为景观绿化设计、城市雕塑、宝石设计加工的"现代石匠"；传统的电工师傅也成为电器维修员、灯光师、音响师、电脑和手机维修师等"现代电匠"。他们的出现是现代社会经济发展的需求，同时他们又推动了社会经济的发展。现代企业需要的就是这样的"现代工匠"。

人才缺乏对于现代企业来说，是其发展的最大阻碍。缺乏人才，企业就不会快速地发展和壮大。这种人才不仅仅指知识型员工，同样包括技能型员工，尤其在一些以制造和加工为主的企业里，技能型人才是广受欢迎的。面对技能型人才的严重缺乏，企业与其坐等人才上门，不如尽早对自己内部的技术人员进行培训，使之具备岗位要求的知识和技能，并且能够对其知识和技能进行及时更新培训。只有在岗位上锻炼成长起来的技能型员工，才清楚企业的设计方向、生产工艺和制作流程，从而更加适应企业发展的需求，推动企业更好地发展。

现代企业对人才的需求注重的是其能力，而不仅仅是学历。正因为社会中存在着"重学历，轻能力""重知识，轻技能"的人才评价现象，才导致了技能型人才得不到应得的社会地位和相应的价值回报，因而出现其供不应求的现象。

哈飞工业集团汽车转向器有限责任公司在挑选人才时，看重的并不是高学历，而是高能力，其培养的大专生或中专生在具备很好的专业理论知识的同时，还具备熟练的操作技能，他们在操作、研发、创新方面都为企业做出了很大的贡献，推动了企业的技术革新和进步。

大到一个国家的发展，小到一个企业的生存，技术支持是不可或缺的，而技术产业的发展正是由高素质的技术工人来支撑和实现的，技术工人素质和技能的高低，离不开职业培训；同时也包括企业自身的技能培训。技能培训的失败，必然会导致企业发展不景气，甚至还会影响国家的经济发展。

因此，不仅现代企业需要"现代工匠"，国家经济发展同样离不开"现代工匠"。

在知识经济时代，人才的价值在于更多地推动科技创新，把科技转化为生产力。但一直以来，人们总认为那些掌握和运用知识或信息工作的人，即知识型人才，也就是人们通常所说的白领精英，在社会发展中起着更大的作用，并且在我国社会中对人才的评价也存在着这样一种现象——"重学历，轻能力""重知识，轻技能"。

然而，现实中却存在着这样一种不容忽视的局面，有这样一组数据：北京某单位招聘电脑速记员，月薪4000元难觅良才；深圳一家企业开出6000元月薪，仍未能如愿地找到高级钳工；浙江一家企业用年薪70万元聘请高级技工，结果未能如愿；四川一家企业开出年薪30万元聘请高级技师，也未能如愿；武汉船用机械厂订单非常多，但由于缺乏高级技师，只能开工一班；机械工程师的月薪已从2000元左右上升到3000~5000元，对于那些技艺娴熟的机械工程师，已有企业将月薪开到万元以上。

另外，据劳动和社会保障部以及首都经济贸易大学劳动经济学院的调查，2001年我国7000万职工中，高级技师只占0.41%，技师只有3.1%，而在德国，高级技能人才高达70%，日本也在40%以上。

从这些数字里，技能型人才的价值和其紧缺的现状可见一斑。如今，缺乏技能型人才已经成为一些企业发展面临的最大难题，而技能型人才整体数量也远远不能满足经济社会发展的需要。有专家指出：技能型人才的短缺已成为严重影响我国经济持续健康发展的一个重要因素。

究竟何谓技能型人才？技能型人才通常是指生产和服务企业中，在生产或服务一线从事那些技术含量高、劳动复杂程度高的工作的高级技术工人和技师。他们在工作中不仅要动脑，更要动手，既要具有较丰富的知识和创新能力，又要具备熟练的操作技能。

美国经济学家罗伯特·赖克在《国家的作用》一书中，将劳动力种类进行了划分，其划分方案为：从事大规模生产的劳动力和个人服务业劳动力以及解决问题的劳动力。其中，解决问题的劳动力就是现在人们所说的"白领"，即知识型员工。

相对白领而言，蓝领就是指生产一线上的劳动工人。随着科学技术的不断发展，现代化机械生产程度的不断提高，社会对蓝领的需求量正呈逐年下降趋势。与此同时，介于"白领"和"蓝领"之间的有知识和技能的复合型人才正在崛起，并越来越受到了社会的认可和重视，对其需求程度也日益增加，人们将这一阶层称为"灰领"，即技能型人才。据专家预测，这种"灰领"人才将逐步成为社会劳动力的主体。

根据工作行业和工作性质，"灰领"可以指在制造企业生产一线从事高技能操作、设计或生产管理，以及在服务行业提供创造性服务的专门技能人员。比如，核能制造业中的各种技术工程师，包括IT业的软件开发工程师、电子工程师等，还有广告创意、服装设计、装饰设计师、动漫画制作等，甚至像飞行员、宇航员、外科医生等这些过去无法明确界定的职业，如今都被称为"灰领"。

"灰领"与"白领"相比较而言，不同之处就在于"灰领"一般不是企业的最高管理者，不处于企业的高管层次，不对企业进行直接管理，而企业的经营者和管理者大都由知识型员工担任。直接一点说，在一个公司里，"白领"的任务是决定要做什么事情；"灰领"的任务就是决定如何来做事情，它包括产品设计、制定生产流程等，甚至是具体的生产工作。

由于"灰领"从事的行业技术性很强，所掌握的技能大都为高端技能，因此他们的薪水也比较高，有些甚至比普通白领的工资还要高，并且他们的工资水平能够长期处于比较稳定的状态。在上海，"灰领"的月薪在5000～6000元，另外一些新兴的行业里，如动漫画制作等收入更高，月薪可达10000～20000元。从"灰领"的月薪收入中，就不难发现"灰领"的价值。

在现代企业里，"灰领"同样是一股不可忽视的力量。有关专家指出，目前我国工业仍以制造业为重心，财政收入的一半仍来自制造业，将近一半城市人口的就业机会是由制造业提供的。随着我国经济的发展，我国制造业已经拥有了比较强的国际竞争力，而"灰领"人才在制造业中正起着无可替代的作用，他们是生产分工中的重要阶层，在生产过程中起着纽带和环节的作用，他们是把"蓝领"和"白领"有效连接起来的技术骨干。

"灰领"往往在设计思想转变为实际产品的过程中起着至关重要的作用。他们不仅是生产环节中的操作者，还是整个生产环节的组织者，同时他们大都具备很强的技术革新、开发攻关、项目改进的能力。他们能够针对需要，有效带动和组织协调其他技术人员一起动手进行技术攻关，把精密的设计图纸变成一个实实在在的高质量产品。"灰领"人才因为其具有较高的职业资格所能达到的一线生产、服务、技术管理等多岗位适应能力，所以他们具有较强的发展后劲和创新意识，能适应市场对人才资源结构的需求。

许多人都曾为一个问题而困惑不解：明明自己比他人更有能力，但是成就却远远落后于他人？不要疑惑，不要抱怨，而应该先问问自己一些问题：

自己是否像画家仔细研究画布一样，仔细钻研过职业领域的各个细节问题？

为了增加自己的知识面，或者为了给你的公司创造更多的价值，你认真阅读过专业方面的书籍吗？

如果你对这些问题无法做出肯定的回答，那么这就是你无法取胜的原因。

无论从事什么职业，都应该精通它。勤于钻研，下决心掌握自己职业领域的所有问题，就可以使自己变得比他人更精通。如果你是工作方面的行家里手，精通自己的全部业务，就能赢得良好的声誉，也就拥有了一种脱颖而出的秘密武器。

当你精通你的业务，成了你那个领域的专家时，你便具有了自己的优势。

成为专家要尽快。这里我们强调"尽快"，并没有一定的时间限制，只是说要越早越好。两年不算短，五年也不能说长，完全看个人的资质和客观环境。但如果拖到四五十岁才成为专家，总是慢了些。因为到了这个年龄，很多人也磨成专家了，那你还有什么优势，因此"尽快"两个字的意思是——走上社会后入了行，就要毫不懈怠，竭尽全力地把那一行钻研清楚，并成为其中的佼佼者。如果你能这么做，很快就可以超越其他人。

那么怎样才能"尽快"在本领域中成为"专家"呢？

首先，选定你的行业。你可以根据所学来选，如没有机会学以致用，也没有关系，很多有成就的人所取得的成就与其在学校学的专业并没太大关系。不过，与其根据学业来选，不如根据兴趣来定。不管根据什么来选，一旦选定了这一行业，最好不要轻易转行，因为这样会让你中断学习，降低效果。每一行都有苦乐，因此你不必想得太多，关键是要把精力放在你的工作上。

其次，勤于钻研。行业选定之后，接下来要像海绵一样，广泛摄取、拼命吸收这一行业中的各种知识。你可以向同事、主管、前辈请教，这也是一种学习。另外可以吸收各种报章、杂志上的信息。也可以参加专业进修班、讲座、研讨会。也就是说，要在你所干的这一行业中全方位地深度发展。

最后，制定目标。你可以把自己的学习分成几个阶段，并限定在一定的时间内完成学习。这是一种压迫式学习法，可迫使自己向前进步，也可改变自己的习惯，训练自己的意志。然后，你可以开始展示自己学习的成果，不必急于"功成名就"，但一段时间之后，假若你学有所成，并在自己的工作中表现出来，你必然会受到领导的注意。

不过，成了"专家"之后，你还必须注意时代发展的潮流，还要不断更新提高自我，否则，又会像他人一样原地踏步，"专家"水平又打折扣了。

在专注中做高效竞争的员工

现代社会是一个竞争的社会，竞争在社会各个领域中是一种十分普遍的现象。从升学竞争到体育竞赛，从经济竞争到政治、文化科技竞争，从国内竞争到国际竞争，竞争在我们的社会中可以说无处不在。我们的社会因竞争而充满生机与活力，也因竞争而不断发展与进步。

在市场经济中，有竞争就必然会有各种风险。企业在市场竞争中会有破产、倒闭的风险；员工在市场经济竞争中有失业、淘汰的风险。从这个角度而言，具备一定的竞争意识和风险意识，就成为个体和企业在市场经济中赖以立足和发展的必要条件，同时，它也是市场经济得以顺利运行的前提。

市场经济就是优胜劣汰的经济，企业要想从瞬息万变、险象环生的市场中生存下来，除了竞争还是竞争！如果企业不会竞争，不敢竞争，缺乏竞争意识，在生意上让竞争对手抢了先，那么就会因此而付出沉重的代价。

硅谷著名的甲骨文公司举行市场营销专场人才招聘会。前去应聘的苏珊是学市场营销专业的，她一直梦想能进入甲骨文公司工作。

当时来这家公司应聘的人很多，而留给应聘者的座位只有一个，苏珊见一些应聘者远道而来，便主动让出座位，让他们先面试。等到她面试时，那家公司的负责人对她的情况虽比较满意，但认为她过于谦让，无法适应激烈的市场竞争，决定不予聘用。

苏珊对甲骨文公司如此用人困惑不已。甲骨文公司的负责人解释说：

"谦逊礼让的确是传统美德，但面对激烈的市场竞争，公司更需要锐意进取的员工。这次公司招募的人将派到海外开拓市场，如果过于谦让，将会失去市场良机。"

自古以来，人类总是生活在各种各样的竞争之中，如果缺乏竞争意识，自然就不会有奋斗和进取的动力。这样的人，是逃不过平庸和被淘汰的命运的。要知道，未来永远属于具有竞争意识、敢于竞争、善于竞争的人。

美国著名经济学家伯顿·克莱因在《动态经济学》一书中指出："一旦一个公司不再面对真正的挑战，它就会很少有机会保持活力。"他认为，最成功的公司是那些面对很多竞争对手的公司，最不成功的公司是那些没有面临严重竞争的公司。因为存在竞争，公司和员工不得不有更高水准的表现，从而变得更敏锐和更出色。竞争使一个人变得精明强干，使他不断创新。

美国管理大师唐纳·肯杜尔针对竞争有过一番精彩的讲话，他说："有很多人生活苟且，毫无竞争之心，最后抑郁而终。对于这类人，我只感到悲哀。打从做生意以来，我一直感激生意竞争对手。这些人有的比我强，有的比我差，但不论其行与不行，他们都令我跑得更累，但也跑得更快。事实上，脚踏实地的竞争，是一个企业赖以生存的保障。由于竞争，我们的企业更具现代化，员工受到更多的训练，生产规模亦随之扩大。因此，竞争比荣耀、野心、利益更能推动一个企业的业务。"

这段话道出了竞争的哲理：作为一个员工，只有敢于并善于参与市场竞争，才能获得经营成功的机会。

无数的公司曾创下高速发展的奇迹，但随着规模的壮大，效率反而越来越低，执行力越来越差，运营成本越来越高，这是什么原因呢？

事实上，类似的困惑并不少见。随着市场竞争的加剧，特别是信息化等手段的普及，企业所面临的内外环境都发生了深刻的变化。从外，市场竞争法则在变，大鱼吃小鱼，快鱼吃慢鱼，挑战不言而喻。在内，则是企业成本的居高不下，效率低下，难以满足市场竞争对企业运营的需求。那么，怎样改变这种状况呢？

赢在沟通

有人说，一个职业人士成功的因素75%靠沟通，25%靠天才和能力。学习沟通技巧，可以使我们在工作中左右逢源，在生活中轻松和谐，在事业上所向披靡。

著名咨询公司埃森哲曾做过一项调查，该调查采访了来自多个行业的15家企业的70多位高级主管。根据三年、五年、七年的整体股东投资回报率来判断，这些企业是不折不扣的"高效企业"。调查涉及战略和领导力以及人员培养、技术能力、绩效评测和创新等方方面面，调查发现，高层领导人需要充满激情地阐明那些不仅使公司区别于竞争对手，而且能让公司内部员工产生共鸣的价值观。

这种激烈的演讲正是众多沟通方式中的一种。通过沟通，管理层希望传达的东西才会走进员工的心里，企业的战略、企业文化才能被高效执行。一句话，只有通过种种沟通，才能提高领导决策力、团队执行力和企业竞争力。

关注沟通

但是，并不是注意沟通就能解决一切问题。在沟通中，有一个重要和关键的因素，就是沟通成本。沟通成本包括货币成本、时间成本、企业成本和经营成本。在某种程度上，它直接决定了沟通的效率与效益。随着信息技术的飞速发展，人们可以选择的沟通方式也极大丰富。比如，即时消息处理、VOIP、电话、传真、邮件，等等，但沟通效率却并没有明显提高。

应该说，即时消息、邮件、VOIP等沟通方式和传统单一的语音或者文本沟通相比，效率的确已经大大提高，成本也得到了降低。但是，从整体来说，并没有给企业的沟通方式带来深刻的革命。有关调查显示，在沟通中，只有文字、语音和图像合一的视频，沟通的效率最高。其中，如果分开来说，人的视觉沟通效率最高。但遗憾的是，由于物理距离等原因，许多涉及视频的沟通，在相当长的时间内还无法实现。因此，企业沟通上的方式尽管多样，也为此花费了不少费用和精力，但是效果依然乏善可陈。为此，一切企业不得不频频召开劳民伤财的传统会议。

显然，企业希望创新、革命性的沟通方式，来给予企业沟通以全新的效率和力量。而目前广受欢迎的视频会议，无疑成为企业期待已久的沟通利器。

创新沟通

视频会议，是指通过网络，在远程实现图像、声音和数据的传输，既闻其声，又见其影，还可实现数据共享，从而达到堪比面对面沟通的效果。与此同时，还大大节省了传统的会务费用、时间成本，效率也更高。

我国著名侨乡台山市的台山金桥铝型材厂，实现产品90%出口外销，产品远销东南亚、澳大利亚以及北美等地。其中，海外业务的出色拓展，和其便捷的海外沟通不无关系。该厂采用了一套我国著名视频会议厂商瑞福特公司提供的视频会议系统，通过普通互联网，就可以随时召开越洋会议，声音、图像和数据合一，沟通效率很高，而且并不产生越洋会议的巨额差旅等费用和时间成本。"有了视频会议，想和谁沟通就和谁沟通，会想开就开。"该厂有关负责人这样形容视频会议给其带来的立竿见影的好处。

相对传统沟通方式，以及单纯的文字等沟通模式，视频会议带给企业的，首先是沟通效率的提高。一方面，声音、图像和数据的立体沟通，效果本身就更胜一筹；另一方面，视频会议的召开也更容易，不必像传统会议那样需提前筹备。其次是成本的节省。视频完全免除了传统会议所需要的时间和费用成本。这对于处于当下严酷市场竞争下的企业而言，无疑是开源节流的最佳利器。

调查显示，视频会议在管理沟通中的作用也不容低估。能解决许多企业成长过程中产生的种种问题，带来运营效率的提高、成本的节约、响应速度的加快，以及竞争力的提高。

面对不断变化的内部和外部环境，面对严酷的市场竞争和客户不断升级与变化的需求，企业如何才能赢得自己生存和发展的机会？也许，从最基本、也是最本质的问题沟通开始，一切都将产生神奇的变化。

在专注中培养高效工作的精神

一个人若没有一流的能力，就一定要有勤奋踏实的工作精神，若其既没有能力，又没有基本的职业道德，就一定会被社会抛弃。

世界上绝顶聪明的人很少，绝对愚笨的人也不多，一般都具有正常的能力与智慧。但是，为什么许多人都与成功绝缘呢？

在很多人的眼里，一些看来很有希望成为而且应该成为非凡人物的人，最终并没有成功，原因何在？

一个很重要的原因就是他们不愿意付出与成功相应的努力而习惯于投机取巧。他们希望到达辉煌的巅峰，却不愿意经过艰难的道路；他们渴望取得胜利，却不愿意做出牺牲。投机取巧是很多人的普遍心态，而成功者之所以成功就在于他们能够超越这种心态。

在工作中投机取巧也许能让你获得一时的便利，但却可能埋下隐患，从你工作的长远发展来看，是有百害而无一利的。投机取巧只能令你日益堕落，只有勤奋踏实、尽心尽力地工作才能给你带来真正的幸福和快乐，才能助你成功。无论事情大小，如果总是试图投机取巧，可能表面上看来会节约一些时间和精力，但往往是浪费更多的时间、精力和财富。

一旦养成投机取巧的习惯，一个人的品格就会大打折扣。做事不能善始善终、尽心尽力的人，其心灵亦缺乏相同的特质。他因为不会培养自己的个性，意志无法坚定，因此无法实现自己的任何追求。一面贪图享乐，一面又想修道，自以为可以左右逢源的人，不但享乐与修道两头落空，还会后悔不已。

从某种意义上说，在一个方向上一丝不苟，比草率分心、在多个方向发展更可取。因为做事一丝不苟能够迅速培养品格、获得智慧、加速进步与成长；尤其是它能带领人往好的方向前进，鼓舞人不断追求进步。

在工作中，许多人都会有很好的想法，但只有那些在艰苦探索的过程中付出辛勤劳动的人，才有可能取得令人瞩目的成就。同样，企业的正常运转需要每一位员工付出努力，勤奋刻苦在这个时候显得尤其重要，而你勤奋的态度会为你的前程发展铺平道路。

命运掌握在勤勤恳恳工作的人手上，所谓的成功正是这些人的智慧和勤劳的结果。即使你的智力比别人稍微差一些，你的实干也会在日积月累中弥补这个劣势。

勤奋敬业的精神是你走向成功的最基本的基础，它更像一个助推器，把你推到成功面前。如果有一天你终于成功了，你应该自豪地对自己说："这是我刻苦努力的结果。"与之相反，懒惰是成功的天敌。你可以问自己：我能不能靠自己生存下去？认真地问自己，不要给自己放宽条件。

成功者都有一个共同的特点——勤奋。在这个世界上，投机取巧是永远都不会取得成功的，偷懒更是永远没有出头之日。

即使你从事着最卑微的工作，只要你恪尽职守、兢兢业业，疑虑、欲望、忧伤、懊悔、愤怒、失望等都将远离你，那么你离成功也就不远了。

高效的员工不论从事什么样的工作，都能任劳任怨、勤勤恳恳，因为高效的员工都具有勤奋的职业道德。

高效的员工最突出的表现就是勤奋，当然不是所有的勤奋都能体现出高效，只有一贯的勤奋才会有效益，高效的员工要专注于工作，勤奋工作是首要的因素，更是高效的基础和依托。

企业的正常运转需要每一位员工付出努力，员工的勤奋刻苦对企业的发展极其重要。只有那些在艰苦求索过程中付出辛勤工作的人，才有可能取得令人瞩目的成果。因此，职场人士要想让自己成为一个勤奋高效的员工，就需要从以下几个方面努力：

（1）牢记自己的梦想。只有给自己一个奋斗的理由，你才能坚定信心，锲而不舍。有太多的人只是为工作而工作，如果讨厌责任，或者是惩罚，这种思想注定了只会偷懒和拖拉。而如果你把工作当成实现梦想的阶梯，每上一个阶梯，就会离梦想更近一点，就不会觉得痛苦，相反你会很快沉浸到工作中去。

（2）学会用心工作。专注的员工不仅要勤奋工作，还要尽善尽美地完成工作，还必须用你的眼睛去发现问题，用你的耳朵去倾听建议，用你的大脑去思考、去学习。

但是，勤奋工作不是机械地工作，而是用心在工作中学习知识，总结经验，在上班时间不能完成工作而加班加点，那不是勤奋，而是不具备在规定时间里完成工作的能力，是低效率的表现。

（3）自己奖励自己。勤奋总与"苦"和"累"联系在一起，如果长期处于苦和累的环境中，你可能会厌倦，甚至放弃。所以，适时地奖励一下自己是非常重要的。当自己掌握了一种好的工作方法，或工作效率提高了时，不妨去看一场向往已久的演出，或是为自己准备一顿丰盛的晚餐。这样的奖励往往会刺激你更加努力地工作。

勤奋并不是要你一刻不停地干，把自己弄得精疲力竭只会导致低效率。所以工作累了的时候不妨让自己放松一下，给自己紧张的大脑"换换挡"。

（4）成功之后还要继续努力。勤奋通向成功，而成功很可能会成为勤奋的坟墓。成功之后就不再努力的例子并不鲜见。很多人凭借着勤奋努力终于被领导提拔和重用，就觉得该放松一下了——为自己前段时间那么辛苦的工作补偿一下，结果退到了那种好逸恶劳、不求上进的生活中去了。在取得了一个小目标的成功之后，专注的人要向自己的大目标发起冲击，告诉自己还有更加美好的前途在等着自己，使自己重新振作，继续奋斗，永不满足。

只有专注才能做到坚持不懈

在你获得成功之前，你必须经历无以计数的失败。你要抱定坚持不懈的决心，不断地鼓足热情和勇气告诉自己"再来一次"。越是困难，越要坚持不懈，成功往往就在于比别人多坚持一会儿。困境是成功和失败的分水岭。大多数人在面对困难时会很容易就放弃自己的目标和意愿，而成功者之所以成功，就在于在困境中一如既往地坚持着自己的目标。

坚持不懈地付出努力，是取得成功的不二法门。

古希腊有这样一则传说，一群年轻人去拜访苏格拉底，询问怎样才能拥有他那般博大精深的学问和智慧。苏格拉底没有正面回答，而是对他们说，你们先回去，每天坚持做100个俯卧撑，一个月后再说。这些年轻人都笑了，这还不简单吗？一个月后，这些年轻人又一起来到了苏格拉底面前，苏格拉底询问有多少人做到了每天100个俯卧撑，有一大半的年轻人说做到了。好，坚持下去过一个月再说。一段时间后，只有不到一半的年轻人做到了。一年后，苏格拉底问大家："请告诉我，这个简单的动作，有哪几位一直做到了？"这时，只有一个人回答说自己做到了，这个人就是柏拉图，许多年后，他成了古希腊又一个著名的哲学家。

敬业的员工长期默默无闻地沉浸在枯燥的工作中，具有非同一般的韧性，不会半途而废，或者功亏一篑。

坚持不懈的韧性是敬业的员工的共同特征。敬业的员工或许有某些弱点和缺陷，然而困难与失败不足以使他们放弃，不管是怎样的艰难困苦，他们都能始终坚持不懈地继续苦干，以争取最后的胜利。

在一些组织中，一些成员颇有才华，具备成就事业的种种能力，但他们往往一遭遇一点困难与阻力，就放弃。久而久之，他们就养成了逃避工作困难的习惯，见困难就退，这样是不会成功的。

而敬业的员工总是执着地坚持自己的目标，竭尽全力，毫不惧怕失败。正是这种追根究底、不达目的绝不罢休的精神，令领导对他们刮目相看，自己也在事业上小有所成。

所以，困难和挫折并不可怕，可怕的是一遇困难就临阵脱逃，不能坚持下去。其实只要我们坚持不懈，让困难退缩，让挫折变坦途，目标的实现就指日可待。

精益求精，把每一处细节都做足功夫，是平凡与卓越的分水岭。古人早就说过"一屋不扫何以扫天下"。超越平凡并不是要去找大事做，因为大事由小事组成，任何小事都是大事。

万事从小事做起，要展现自己优秀的一面需要花很大的工夫，它需要每一个细节都做好。

细节虽小，但它的力量是难以估量的。"泰山不拒细壤，故能成其高；江海不择细流，故能就其深。"所以，大礼不辞小让，细节决定成败。

生活充满了细节，一些看来非常偶然的细节会对我们的人生有所帮助。可究竟哪些细节会有帮助，这是没法预测的。就如面试时礼貌地给他人让座位，这个细节会有两种截然相反的结果，有的招聘者会对你的美德大加赞赏；有的则会认为你缺乏竞争意识。这并不是说细节的力量是种不可捉摸的宿命，而是说细节的力量也有如机遇一样，总是青睐于有准备的人。这种准备，需要我们平时养成，而不仅仅是面试前设计好一套注重细节的执行方案就够了。

对大多数人来说，在细节上的表现更多的是一种习惯，全赖于我们平时的养成。"性格即命运"，而性格多多少少地会表现在许多不经意的细节上。注意细节，应该把功夫用在平时，不断完善我们的性格，养成良好的习惯，关键的时候才能水到渠成地"本色"流露，而不至于让人感觉到虚伪、做作。

很显然，处理和分析日常琐事体现了一个人的能动力，在简单的动作中，更要自主地发挥本身的内涵。你要能够在很基础很凌乱的事情中保持冷静的分析、思考，这样才会把自己所做的事升华为成功。否则，就算你坚持，日复一日也只是单纯的重复罢了。

在专注中树立高效的时间观念

同样的工作时间，同样的工作量，为什么一些人总比另外一些人早一些完成，而且做得更好？其关键就是在于他们是否合理、有效地利用时间。

要想在企业里赢得领导的赞赏，要想获得比别人更大的成就，就必须学会有效地利用时间。

如果你想有效地管理时间和利用时间，在自己的职业生涯中创造辉煌，那么一个最行之有效的方法就是：培养自己根据工作的轻重缓急来组织和行事的习惯。

一个员工要想在工作中脱颖而出，就必须具有时间观念，认真计划每一天，并且能比别人做得更快，做得更好，这是职场中人走向成功的必由之路。

每一件事和每一项工作都会有其特定的最好结果，这个最好结果就是我们做一件事和一项工作所期望达到的最终目标。如果没有目标，就不可能有切实的行动，更不可能获得实际的结果；如果有了目标，你就能决定自己的命运。

一开始时心中就怀有最终目标，意味着从一开始时你就知道自己的目的地在哪里，从一开始时你就知道自己现在在哪里，是否朝着自己的目标前进，至少可以肯定，你迈出的每一步方向是否正确。

一开始时心中就怀有最终目标，会养成一种理性的判断和工作习惯，会呈现出与众不同的眼界。

善于将时间和精力运用在一个"最终"目标上的人更可能也更容易成功。

怎样才能把时间和精力集中在同一个方向呢？从大的方向来看，可从以下几方面着手：

学会放弃

不会放弃的人，永远无法集中精力专注于一个方向。懂得放弃的人深知生命中有太多的诱惑，太多的选择，只有把无意义的追求都抛弃掉，才能朝着一个方向努力。

检视你的积极性

如果你发现自己做事的积极性不高或者没有积极性，就要认真考虑一下，是否偏离了自己既定的方向。

经常问问自己有多少责任感。每做一件事，都承担着一定的责任。当你发觉自己没多大责任心时，你就要想一想是否偏离了目标。

及时评估进展情况

要及时地评估离目标尚有多远，尚有哪些事情要做，还要做哪些方面的投入或付出，最好画一张表格，这样可以少走弯路。

发现偏差要及时纠正

这一点很重要，就像航船，要随时校正自己的方向，如出现偏差没有及时发现，走得越远，麻烦越大。

在专注中创造高效的业绩

企业的管理，归根结底是为了创造高效的业绩，而创造业绩的主要对象是人，即企业的员工。无论在什么企业，员工的素质高低都是影响企业发展的关键。一个优秀的员工，必须具备过硬的业务素质外，并以此为企业创造高效业绩。

对员工而言，通过一系列财务数据反映出来的工作业绩，最能证明你的工作能力，显示你过人的魄力，体现你的个人价值。

有位年轻人要买一辆奔驰牌轿车，看完陈列厅里的一百多辆各式各样的轿车后，竟没有一辆中意。他徘徊一圈后，来到一位销售员A身边，对销售员A说道："我想要一辆灰底黑边的车。"

销售员A看到眼前这位年轻顾客的衣着不像是位有钱人，不耐烦地告诉他："本公司没有这种车。"

而不远处的销售员B看到这一场面后对销售员A的做法十分不满，他气愤地对销售员A说："像你这样做生意只能让公司关门歇业。"

于是，销售员B找到那个衣着不整的年轻人，告诉他："你要的那种车对我们奔驰公司来说是件小事，你两天后来取车吧。"

两天后，年轻人看到了他想要的灰底黑边车，但还是不满意，说这车不是他想要的那种规格。经验丰富的销售员B耐心地问："先生要什么规格的，我们一定满足您的要求，这对我们奔驰公司来说是件小事。"

三天后，年轻人高兴地看到他想要的规格、型号、式样的车。可是他试开了一圈后，对销售员B说："要是能给汽车安装个收音机就好了。"

当时，汽车收音机刚刚问世，大多数人认为汽车安装收音机容易导致交通事故，但销售员B对公司生产部门一番解释后，生产部门才答应装载收音机。于是销售员B对年轻人说："先生，您要求在车内安装车载收音机，对我们奔驰公司来说是件小事，您下午来可以吗？"

挑剔的年轻人终于从奔驰公司买走了他中意的车。他感激地对销售员B说："感谢您的周到服务。我想，有您这种服务态度，贵公司肯定会越来越好的。"

奔驰之所以成为奔驰，不仅在于其质量上的精益求精，也在于其以顾客需要为导向，在细节上为顾客全心全意的服务。而善于销售的销售员B在接下来的工作中表现突出，逐步被提升为奔驰公司的销售经理。

事实表明，既能跟企业同舟共济，又业绩斐然的员工，是最令领导倾心的员工。如果你在工作的每一阶段，总能找出更有效率、更经济的工作方法，你就能提升自己在领导心目中的地位。你将会被提拔，会被委以重任。

因为出色的业绩，已使你变成一位不可取代的重要人物。如果你仅仅忠诚，总无业绩可言，尽忠一辈子也不会有什么起色，领导想重用你也会犹豫，因为把重要而难办的事交给你他不放心。

更进一步讲，受利润的驱使，再有耐心的领导，也绝对难以容忍一个长期无业绩的员工。届时，即使你忠贞不贰，永不变心，领导也会变心，甘愿舍弃有忠诚而无业绩的你，留下忠心且业绩突出的员工。

一个企业要想长期发展，仅仅依靠员工的忠诚是不够的。一个成功的领导背后，必须有一群能力卓越、忠心耿耿且业绩突出的员工。没有这些成功的员工，领导的辉煌事业将无法继续下去。所以，领导看重忠诚，更看重业绩。

总之，你千万不要以为自己获得了领导的认可，就有理由保证自己不被列入裁员的名单之中。仅仅靠忠诚获得领导的青睐，这只能是短暂的。只有出色的业绩，对领导才最具诱惑力，才是你立于不败之地的真正王牌。

现代社会是一个"利润至上"的年代，每一个公司为了生存和发展也不得不秉承这一原则。因此，作为员工，首先要考虑的就是你为公司创造多大的价值。

纽约一家金融公司的总裁曾经告诉全体员工：所有的办公用纸必须要用完两面才能扔掉。这样一条规定在很多人眼里看来几乎不可思议，他们会以为这位领导肯定是一个无比吝啬的人，在一张纸上都要做文章。但是，这位领导这么解释：

我要让每一个员工都知道这样做可以减少公司的支出，尽管一张纸没有多少钱，但是却可以让每个员工养成节约成本的习惯，这样就能增加公司的利润。因此，这样做是十分必要的。

千万不要认为一个公司只有生产人员和营销人员才能争取客户，增加产出为公司赚钱。公司所有的员工和部门都要积极行动起来，为公司创利。

因为每个公司要产生利润，就必须进行开源和节流。不能直接与客户打交道的人，最低限度也应成为节流高手。否则，浪费会使公司到手的利润大打折扣。

如果你十分明确自己对公司盈亏有义不容辞的责任，就会很自然地留意身边的各种机会，而且只要积极行动就会有收获。

某公司材料保管员张师傅"抠门"是出了名的。他负责职工公寓楼的物品存取和维修供给，为了不使材料流失，他严把出库关，坚持以旧换新的原则，没有破损件绝不替换好件，同时把换下来的破损件储存起来，能再利用的绝不浪费。

职工公寓楼用的都是快开水龙头，上面的把手有时使用不当弄断了，可阀还是好的，张师傅就把收回的旧水龙头上的把手卸下来安在还能用的水龙头上。公寓的门锁损坏频率非常高，有些是锁的外壳变形打不开，有些时候是钥匙折在里面只需要换锁芯子就可以，有些是锁舌断了其他地方都是好的，张师傅就把以前回收的锁找出来，卸下能用的件进行维修，这样不仅节约了配件又节省了材料费。

住宿员工退寝时需要将领的被子、褥子等全部退还。每次有退寝的，张师傅都一样一样检查，就算是一根电话线都不放过。退回的电话、电视遥控器、机顶盒遥控器中的电池张师傅都要细心地拿出来，避免时间长了电池泄露腐蚀机器。

如果你想在竞争激烈的职场中有所发展，成为领导器重的人物，就必须牢记，为公司赚到钱才是最重要的。请立即以此为目标动手改善你的工作。千万不要以为只要做一个听领导话的职员就够了，你应该想方设法为公司创造价值，因为，公司请你来就是希望你能够为公司创造价值的。因此，无论你是开展工作，还是服务于领导，都要把为公司创造利润作为你最重要的目标。

经济效益是企业一切经济活动的根本出发点，采用现代管理方法、提高经营管理水平是提高企业经济效益的主要方法，科学的管理也是现代企业制度的重要内容。

管理和科技二者本身就是不可分割、相互依赖、相互促进的。因为管理本身就是一种科学，提高管理水平也需要先进的科学技术和手段，而管理水平的提高也有利于先进技术的有效使用。

所以，如果说提高经济效益是企业一切经济活动的根本出发点，是企业生产的最大目的的话，那么依靠科技和管理则是达到这一目的的两种方法和途径，它们是一致的，只是两个不同的侧面而已。

（1）运用科学的企业管理手段，有效地发挥人力、物力等各种资源的效能，以最小的消耗、生产出最多的适应市场需要的产品，有利于企业提高经济效益。

（2）作为企业的组织者和经营者，既要合理安排企业，又要从我国的基本国情出发，遵循价值规律，适时适宜地组织企业生产，把握市场信息，了解市场行情，提高产品质量，搞好售后服务等。

（3）谁抓住了科技的牛耳，谁就能够抢占经济发展的制高点。其实，世界经济竞争的实质就是科技水平的竞争，而科技竞争其实就是人才的竞争。

竞争是市场经济的永恒规律，市场是检验企业经营管理的试金石。如果企业经营成功，就能在激烈的竞争中求得生存和发展；如果经营管理不善，就会在激烈的市场竞争中惨遭淘汰。因此，在市场竞争中，按照优胜劣汰的原则，出现企业的兼并和破产是必然的。我们应该如何来认识这两种现象呢？

事实上，企业的兼并和破产有利于企业提高经济效益。企业是市场的主体。企业经济效益的高低，突出表现在，能否在激烈的市场竞争中站稳脚跟。但由于企业的经营管理水平和企业科学技术水平差别的现实存在，在激烈的市场竞争中，必然会出现优胜劣汰，因此，企业的兼并和破产是必然的。

兼并、联合、破产都是市场竞争的必然结果，任何违背市场规律的做法都不会达到预期的目的。鼓励兼并、规范破产、不断完善兼并和破产制度，这样，对于我国企业效益的提高、社会主义市场经济的发展，都具有重要的促进作用。

第六章　怎样营造专注的职场环境

　　心平常，自非凡。专注一些，全身心地投入喜欢的领域，不要害怕失败尽最大的努力，坚持长久的勤奋，守护纯真的心灵，挖掘深厚的潜能，默默付出了，便能得到丰厚的收获。

对公司要有高度的认同感

为了使自己能专注于工作,首先你必须在情感上认同你供职的公司,也只有你在内心里认同你所供职的公司,才能自觉地以全部的精力和热忱对待工作。如果你想成为公司骨干,期望有锦绣的职场前程的话就必须认同你所供职的公司。这种认同感会促使你更加全心全意地为公司努力工作。

其实,除了家庭,我们每天在公司工作的时间是最多的,我们应该像认同家庭一样认同公司。对公司有高度的认同感,对员工和公司都有好处。因为员工利益与公司利益紧密地联系在一起,只有公司发展壮大了,员工的利益才能得到可靠的保证。

琼斯是芝加哥一家进出口公司的普通职员,因为学历不高,公司给她分配的任务是每天接电话,打扫卫生。这对一个年青女性来说,很难让人投以热情积极主动地去工作。可是,琼斯却做到了。每天,她总是提前半小时到达办公室,当其他同事来上班的时候,她已经把整个办公区打扫得干干净净,使同事们有一个清洁、美观的工作环境。

除了上司分配给她的任务之外,琼斯总是尽自己的能力多做一些事情,还不断完善自己的能力和素养。一年以后,琼斯以自己的专注精神获得了提升。她的老板在宣布任命时说:"对公司有高度认同感的人,我不会让他(她)站在阴影里的,我会为他(她)提供更广阔的发展空间。"

对此,琼斯说:"我爱我的公司,它已经成为我生命中的一部分,就像我无法舍弃自己的父母一样。认同你的公司,你就会以极大的热情专注工作,提升自己。"

然而,现在职场中,很多人不专心致志地工作,把供职的公司当作人生的驿站,获得面包啤酒的场所,没有丝毫认同感。在职场中,每个人都应该向琼斯学习。否则,即使你再有才华,如果没有对公司的高度认同感,你也难以在公司里取得卓越的成绩。很多企业管理者表示,一个对公司没有认同感的员工,是不可能专注自己的工作的。而对这样的人,无论他的才华多高,企业也不可能为他提供更好的工作平台。认同公司不只是一种想法、一种观念,更是一种行动,要想成为一个高度认同公司的专注员工,应该努力做到以下几点:

其一,努力维护公司的声誉和形象。对待公司应该像对待家一样,爱护公司的每一样物品,时刻维护公司的声誉。个人的命运与公司的命运相连,一旦公司倒闭,你将失去工作,而且很多公司都不愿意聘用那些倒闭公司的员工。因为一个公司的倒闭与这个公司的员工有着千丝万缕的关系。

很多职场中人没有高度的认同感,所以在背地里常常批评自己的公司或老板。其实这无论是对公司还是对自己,均没有丝毫好处。损害公司的形象,一方面使公司以及公司的产品在行业内、市场上的竞争力下降;另一方面会伤害自己,为自己的发展设置障碍。没有哪个老板会喜欢诋毁"老东家"的人,因为他会这样认为,一旦这个人离开本公司,也会这样贬损自己。

其二，为公司多做一些。卓越者，都是那些不仅本职工作做得很出色，而且时刻想着"我能为公司多做些什么"并且付诸于行动的人。老板会为专注工作的人提供更多的发展机遇。

读懂老板对你的期望

某小镇有青红两块石质特佳的巨石，它们每天都默默地站在山岗上，品味着红尘中的琐事。

有一天，有几个石匠来到巨石旁，东瞧瞧，西看看，并在它们的身上凿起来。经过研究分析，为首的石匠指着红石说："这块红石比青石石质更佳，就用红石吧！"于是，几个石匠便在红石的身体上打凿起来。第一天，红巨石咬紧牙关，默默地忍下来。等石匠们走了以后，红巨石看着自己被凿得遍体鳞伤而邻居完好无缺地站在那里，不禁气愤之极。

第二天，石匠们来了以后，拿出工具正要动手，红石大声地喊道："几个老东西，为什么要让我受如此折磨，你们为什么不选青石，我是不会让你们如愿的。"为首的石匠说："你这个顽石，我们之所以如此，并不是要折磨你，你应该明白我们的用意，你以后会明白的……"红石不等石匠说完，便喊道："别骗人了，让你们修理成这样，会得到什么好处？你们另找他石吧，我可不想得到你们赏识。"石匠见红石顽固不化，经过商量，便决定用石质略次一等的青石。对此，青石毫无怨言，默默地承受着一切。

经过几个月的凿打和打磨，青石成了一尊栩栩如生的佛像。完工的第二天，小镇的居民便欢天喜地地把青石迎进镇里，并商量为它建一座庙宇，有人建议佛堂里铺上光滑的石面。

于是，红石被凿碎、分割、打磨，铺在佛堂里。红石见到高高在上的青石佛像，气冲冲地说："你本没有我质量好，可现在我躺在这里受万人踩踏，整天弄得灰头土脸的。而你却高高在上，受万人膜拜。这是怎样一个世道呀，为什么如此不公平？"青石不骄不躁地说："红石兄，我是经过了几个月的打磨才站在这里的。当初石匠们都对你充满了期望，可你却一意孤行，把他们对你的期望认为是痛苦的折磨，你今天落到如此下场，还有什么可抱怨的呢？"红石听后，惭愧地低下了头。

从这个寓言故事可知，专注工作的同时，一定要读懂老板对你的期望。道理很简单，因为只有读懂了老板对你的期望，你才有可能专心致志地为企业的终极目标而努力，而不致使自己努力的方向偏离了企业发展的目标，从而产生抱怨之心，毫无工作兴趣。

那么，应该怎么做才能读懂老板的期望呢？那么，让我们先了解老板对你有哪些期望？老板对你最基本的期望是始终如一地专心本职工作并按时完成。现在的公司里，很多职员做事漫不经心，三心二意，拖拖拉拉。这是老板最恼火的。因此，作为组织中的一员，在接受任务后，把完成工作的时间记在心里，然后一心一意地努力工作，不能像钓鱼的小猫一样，一会儿捕蝴蝶，一会儿捉蜻蜓，以致最后一无所获。

老板对你最重要的期望是熟悉自己的工作职责，能自主地开展工作。随着现代组织结构的扁平化，老板身兼多种角色，在这样不堪重负的情况下，员工应做好工作领域内的各项任务，以专业制胜。作为员工，老板的期望犹如灯塔，可成功引导我们到达胜利的彼岸。

让老板看到你的成绩

要求员工专注本职工作，但并非要你默默无闻地埋头苦干。有时候，只有勤奋是不够的，你必须引起老板的注意，让老板看到你的成绩，这样你才可能会有锦绣的职场前程。

有个承包工程的老板，亲自监督一幢摩天大楼的兴建工作。一个衣衫褴褛的男孩走到这位大老板身旁，问道："我长大之后，怎样才能像你那么有钱？"

这位老板看了一眼这个男孩，然后说："买件红色衬衫，然后用心去工作。"

小男孩显然不明白那个老板的意思。于是，那位老板用手指指那些往来于大楼各层脚手架的工人，然后对小男孩说："你看看那边的工人，他们全都是我的员工。我不记得他们的名字，而且，他们之中，有些人我从未见过，但你看看那个穿红衣服的，他能让你一眼就注意到他，因为别人都穿蓝色，只有他一个人穿红色的。我之所以注意到他，是因为他穿着与众不同的衣服。我打算上那儿去，问他愿不愿做工地的监工，他肯干的话，日后也一定会升职，搞不好会当上我的副经理。"

"其实，我以前也是这样干起来的。我要求自己工作比别人用心，比别人好。我跟大家一起穿工人裤，但我的上衣是一件与众不同的条纹衬衫。这样，老板才会注意到我，我专心致志地工作，最后真的受到了老板的注意和赏识。升迁后，我存了一笔钱，自己开公司当老板。我就是这样闯出今天的局面的。"

在企业中，一切以业绩为导向，如果老板看不见你的业绩，决不会给你加薪，提供发展的机遇，而这两方面却是保证员工专注工作的动力。毫无疑问，让员工在没有任何激励机制下专注工作是很难的。因此，在用心做好工作的同时，加一些"巧干"的策略。付出既然有所收获，必然更能激励自己全心付出。

在我们身边有这样的人，他专心致志地工作，勤奋、忠诚、守时、可靠并且多才多艺，全心全意地为公司付出时间与精力，他应该前途光明。但事实并非如此，他什么也没有得到。别人，比他差很多的人，都不断地获得升职及加薪。究其原因，在于他不懂得表现自己，老板从来没有注意到他。时间一长，付出与回报不成正比，因此他开始失去工作的兴趣，牢骚满腹。错在谁呢？老板还是员工自己？让老板看到你的业绩是保证你始终专注工作的主要原因。所以，向老板推销自己，让老板看到你的表现，这就需要你在本职工作上力求做到最好，事无大小，都应全力以赴。

除了让老板知道你有优良的表现之外，在同事面前，一样要保持最佳状态，要让同事也觉得你办事能力强，因为同事对你的评价，也是上级考虑是否提拔你的因素。但是，要提醒自己，适当地表现自己和以不正当的手段吸引别人的注意，是完全不同的。真正的自我推销必须是有创意的，是需要良好技巧的。记住，表现自己必须是光明正大的，不能打击或贬抑别人。

少说闲话，多做实事

在忙碌的工作之余，说几句闲话，可以活跃办公气氛，放松一下疲劳的大脑，但是闲谈要有原则，莫论人是非，制造流言蜚语，尤其是对同事的讽刺和挖苦。类似的闲话对工作是毫无益处的。

虽然论人是非的恶行不必背负法律上的责任，也不会受到道德的谴责，但却极不利于同事之间开展工作。

杰夫是某出版公司编辑，平时素有爱挖苦、讽刺别人的习惯。有一次，公司招了一名排版录入的女孩。女孩很胖，出入办公室时几乎把门口堵住了，于是杰夫就说："你看这个女同胞，往门口一站，蚊子侧着身都进不来。生在唐朝，杨贵妃就无法兴风作浪了，生不逢时呀！"

很不巧，这话恰好被刚进门的主编听到了。主编没有说什么，只是和其他同事一样笑了几声。可是不久，尽管杰夫仍然像以前一样工作，但主编总是对他的稿件不满。不仅如此，杰夫送到电脑室的稿件，总是不能按时送回，其他的同事比他晚送的，也比他先拿回来。

于是，杰夫的工作计划被打乱了，不是被主编叫进去问——为什么这么长时间稿件还没做完？杰夫说了理由，主编却说他找借口。这样一来，杰夫根本无法专心致志地工作。

这样的情况一直没有改变，无奈之下最后杰夫离开了那家出版公司。后来有位同事告诉杰夫："胖女孩是主编的表妹。"

类似的闲话和"流言"都对安心工作十分不利，因为这会影响工作情绪。工作情绪是影响专注工作的关键因素。张三说王二的蜚语流进李四的耳朵，这类"蜚语"再经过李四的嘴巴流到王二的耳朵。王二便问张三："你是否在背后说了我什么？"张三问："你听谁说的？"王二说："李四跟我说的。"于是，王二怪张三议论他，张三怪李四出卖了他，李四怪王二捅出他。结果是他们彼此间相互仇视，人际关系紧张。

很显然，在办公场所，同事们的坏情绪很容易会把你的好情绪破坏掉，甚至因此而爆发办公室战争。

因此，职场中人应少说闲话，多做实事。

凭借沟通形成团队精神

每个职场中人都有过这样的经历：当自己受到同事的攻击、讥讽或陷害之后,无论面对的是多么重要、多么复杂的工作,都会提不起精神来,工作的思绪常常会被突然出现的愤怒所打断。

所以,没有一个平和的心情,员工是不可能专注本职工作的。

当一个团队里的每一位成员都在为矛盾、隔阂和误会等一些琐事而烦恼,对周围的队友充满敌意的时候,谁还会专注本职工作呢?

什么是解决这一问题的灵丹妙药呢?沟通。有效的沟通能及时消除队员之间的分歧、误会和成见等,让共识、理解、信任、合作和友谊走进团队,每个人都能安下心来自动自发地工作。

然而,在现代组织中,很多人的行为——信守"沉默是金"。在工作之初,这样可能还过得去,但时间一长,任谁也无法全力以赴地工作。

沙因是国内一知名高校的高才生,毕业后到某公司供职。开始他还能全力以赴,但后来就无法安下心来工作,和其他同事合作业绩也不佳。对此,沙因苦恼万分,甚至有过辞职的想法。

有一次,沙因回校拜访自己的教授,教授问起他现在的工作情况,他很羞愧地说:"几乎没有什么成绩,我想辞职。"教授知道那家公司在行业中很出色,便问他原因。

沙因说:"我所在的部门,无论是从学历还是从毕业院校来看,我都是数一数二的。在工作中,我也总是埋头苦干。但是当碰到了难题,我却不好意思去向他们请教,总是苦心进行钻研。我几乎没有参加过部门组织的活动,我认为那是在浪费时间。在工作中,为防止被老板认为我拉帮结派,我几乎不与同事们闲谈,碰面时最多打个招呼。在刚参加工作的一两个月,我还能安心工作。但后来我就无法安心工作了,我总感觉同事们对我有很多猜忌和敌意。"

教授沉默了一会儿,说:"你有着作为一个优秀员工的潜质,但这还需要很多前提条件,良好的沟通便是不可缺少的。你的障碍是没有抛弃'精英情结',总认为自己高人一等,不能够谦虚地与他人交流,你身陷沟通不畅的恶性循环而茫然不知。同事之间需要有效沟通,这样可消除彼此间的误会、怀疑、猜忌和敌意。沟通不畅,效率怎能提高?质量怎能有所保证?

"'独行侠'的时代已经过去了,组织中每个人的工作都需要其他成员的支持和认可,缺少沟通,恐怕就只有反对了。所以,你必须让大家支持和认可你,除了在一起工作之外,还应该尽量在闲暇时和成员一起参加各种活动。"

沙因听了这一番话,恍然大悟,决心按教授说的那样去做。一年之后,沙因由于业绩显著,获得部门同事们的支持和认可,被提升为部门经理。

从沙因的经历可知,要想专心做好工作,良好的沟通是必不可少的。人与人之间的沟通应直截了当,不要把简单的问题复杂化,这样会减少沟通中的误会。言不由衷,会浪费大家宝贵的时间;瞻前顾后,生怕说错话,会变成谨小慎微的懦夫;更糟糕的是,有些人当面不说背后乱讲,这对他人和自己都毫无益处,最后只能是破坏了组织的团结。

除此之外,在沟通过程中,一定要消除认识上的误区。

其一,人们一般更注重自己的看法,而不能容忍另类思维。其实,在追寻真理的过程中,人们在不断重复着瞎子摸象的游戏,带有很强的片面性,或者摸到了腿,或者摸到了鼻子,只有把这些整合起来,我们才能距真理更接近一些。怎样才能做到?沟通。

其二,一些人放不下架子,总认为自己的见识高人一等,这样很难与人有效沟通。须知术业有专攻,尤其在这个知识爆炸的时代,在一个领域你是专家,换个领域说不定你就是小学生了。

其三，一些人有自卑心理，总觉得自己是小角色，职位低，见识浅。实际上，红花尚需绿叶配，有了大树，小草同样有存在的价值。

因此，在完善专注工作的职场环境时，必须和同事、上司进行积极有效的沟通。

凭借协作发挥团队力量

美国NBA从各个球队中挑选最优秀的球员组成梦之队，进行巡回比赛，但往往会输给技术较差的球队。究其原因何在呢？其实，梦之队的每个球员都出类拔萃，但因为他们在一起的时间短，成员间缺乏积极的协作、配合。

1+1=2，众所周知。然而在人力资源组合上，1+1>2，也可能1+1<2，关键在于团队成员是否发挥协作精神。只有发挥每个人的特长，并注重流程，使之产生协同效应，才能有最好的工作业绩。

有一次，麦肯锡公司在招聘人员时，一位女性的履历和表现都很突出，一路过关斩将。在最后一轮小组面试中，她伶牙俐齿，抢着发言，在她咄咄逼人的气势下，小组其他人几乎连说话的机会也没有。然而，最后她却落选了。

公司的人力资源经理约翰说："她个人能力超群，但却缺乏团队协作精神，这样的人对公司的长远发展有害无益。"

专注的员工为了使自己专心做好工作，需要发挥团队的协作精神。只有与同事友好协作，团队利益至上，才能在职场发展中有锦绣的前程。因为现在的工作越来越模糊化，很难有固定的分工，团队的目标便是个人的目标。

因此，靠一个人的力量是无法面对千头万绪的工作的，只有凭借团队的协作力量，才会取得令人意想不到的成就。如果缺乏团队协作精神，项目都是自己做，不愿和同事一起想办法，每个人都会做出不同的结果，最后对团队一点儿用也没有。

一个人不可能业业精、事事通，在某方面可能是行家，而在另一方面就可能是学生。而工作中需要方方面面的技能，这就需要团队其他成员协作，从而互相增值，为专注工作搭建过墙梯。

有一次，联想和惠普做攀岩比赛。在比赛之初，联想队强调的是全力以赴，注意安全，共同完成任务。惠普队在一旁，除了强调目标，士气激励之外，还一直在合计着什么。比赛中尽管联想队全力以赴，但在排除险情时由于花费时间过长，最后输给了惠普队。

惠普队是如何胜出的呢？原来在赛前，根据各个队员的优劣势进行了精心组合；第一个是动作灵活、具有独立攀岩实力的小个子队员，第二个是高个子队员，女士和身体肥胖的队员放在中间，殿后的当然是具有独立攀岩实力的队员。于是，他们凭借协作迅速地完成了任务。

但是，如何培养员工的协作精神呢？

首先，专注团队的目标。团队目标是唯一的目标。在体育界有个很普遍的观念——除非团队赢了，否则每个人都输了。其实，这在任何行业都适用。除非公司有发展，否则个人决不会有发展。

其次，包容队友的缺点。在21世纪，失败者并不是败于大脑智慧，而是败于人际的互动上，阻碍成功的潜在危机是忽视了与人协作或不会与人协作。协作的关键是你以怎样的态度去看待队友，应该赞扬队友的优点，包容队友的缺点。

最后，具有全局观念。个性张扬是现在的时尚，但必须要有整体意识和全局观念，与团队行动一致。有两个人共同承担一个项目，但其中各有分工。其中一位在完成任务的过程中遇到难题，此时他只是自己冥思苦想，却不屑向队友请教，而队友也不帮助自己的合作伙伴。虽然两个人都在用心做自己的工作，却由于不善协作，没有全局观念，使时间一延再延。

所以，我们在专注工作目标的同时，也不要忽视协作，要充分整合团队成员的优势，使自己具有超级战斗力，从而快捷地实现目标。

妥善处理同事间的关系

一个人总是要活在一个群体里，在群体里生活就不可避免地要与人进行交往，上班族更是如此。一个工作者一生中有三分之一的时间要消耗在办公室里。如此，与办公室里的同事融洽相处便是莫大的学问了，它决定你的晋升和发展等。

森林深处，有十几只刺猬冻得直发抖。为了取暖，它们只好紧紧地靠在一起，却因为忍受不了彼此的长刺，很快就各自跑开了。可是天气实在太冷了，它们又靠在一起取暖，然而靠在一起时的刺痛，又使它们不得不再度分开。

就这样反反复复地分了又聚，聚了又分，不断在受冻与受刺两种痛苦中挣扎。最后，刺猬们终于找出一个适合的距离，既可以相互取暖而又不至于被彼此刺疼。

若想要专注工作，必须与同事们有融洽的关系。前面我们已提到，人际关系直接影响个人工作时的专注程度、工作的业绩。如果没有融洽的人际关系，首先，自己的情绪波动使自己无法专心工作；其次，团队成员将拒绝为你提供帮助。所以，必须妥善处理同事间关系，这将为你专注工作提供保障。

凯瑟琳是芝加哥一家纺纱厂的工业工程督导，她才华横溢，雷厉风行，深得上司器重。只是由于过于自信且脾气暴躁经常因意见不一致而与同事、下属发生争吵。尽管凯瑟琳只是对事不对人，但别人心里却始终很不痛快，私下里送了她一个绰号——"狂躁的母狮子"。年度考评时，她也因为没有良好的口碑而影响了提升。

由凯瑟琳的经历可知，人际关系不是小事，任何不融洽的人际关系都会导致矛盾、分歧和误解，而这非常不利于专注工作。在这个个性张扬的时代，每个职场中人都有"刺"，而职场中又需要人与人之间的协助，因此，必须像取暖的刺猬一样，找出一个适合的距离，以免刺伤别人、损害自己。

尊重公司每一个人，这是人际处世的哲学。在职场这个大环境中，不可避免地要与各色人等交往。尊重公司每一个人，与大家关系融洽，心情才会舒畅，给自己营造一个良好的工作氛围。这样有利于自己专注工作，也有利于自己的身心健康。

因此，用友善的目光注视别人，对每一个人投以微笑，用友好的方式来表达自己，别人也会以同样的方式来回报你。尊重公司里的每一个人，不管他的地位是否如何。

树立良好的职业心态

目前，很多人都有"净赚薪水"的职业心态。尤其是年轻一代，认为"你给多少钱，我就出几分力"。这种以金钱来衡量工作价值的心态是非常错误的。

作为企业的员工，需要树立良好的职业心态。一个人的心态是否端正，往往决定了一个人能发挥出多大的专业水平，能创造多大的业绩，也决定了他在企业中的位置。于丽是某外国语学院的硕士研究生，毕业后应聘到一家外企工作。这是她涉世的第一步，她将从这里正式步入社会，开拓自己的前程。因此，她很激动，心里暗暗决定：无论是什么工作，我都将全力以赴，把它干好！

然而，上司竟然安排她拆应聘信，然后翻译。这份工作枯燥无趣，而且能让人忙得四脚朝天。一个名牌大学的硕士生会甘心情愿干这个吗？于丽陷入了困惑之中，她面临着人生第一步应该怎样走下去的抉择——是专心致志地干下去，还是另谋职业？

经过一夜的反复思考，于丽决定按当初的誓言——干下去。于是，她每天专心致志、不急不躁地拆应聘信、翻译。一个月后，于丽被提升为人事部主管。升迁的理由是：一个名牌大学毕业的硕士生，每天千篇一律地拆信，并且一丝不苟地整理出有价值的信推荐给上司，展示了她人事管理的才能。更难能可贵的是，于丽有着良好的职业心态，不以薪酬多少、工种高低来衡量自己的工作价值。

从于丽的升迁可以看出，良好的职业心态是工作中必不可少的。因为在工作中，你的心态就决定了你的工作效率和职场前景。有着端正的职业心态，个人便能自动自发地工作。

索芙特保健品公司人事资源总监说："企业用人其实取决于这个人的职业心态，以及展示出的能力和水平，学历只是一个参考物而已。许多人在职场中发展慢，不是没能力，而是心态不够好。"

在职场中，若想营造专注的职场环境，就必须树立良好的职业心态。

因为成功学理论告诉我们,心态决定一切;人的心态是行为的磁场,人们总会向着自己所想的方向发展。如果一个人脑子里总想着某种工作枯燥无味,没必要全力以赴,那么他绝不会为此工作做出更多的努力。所以,最根本的就是树立正确的职业心态。

良好的职业心态首先是职业人心态,投入全部精力,把每一项工作做得完美,不偷懒不应付了事。其次是作为公司一分子的责任心;然而,要对一件工作的结果负责,最重要的是对自己的心态负责,因为心态不同,行为以及行为结果也有所不同。最后是视批评为馈赠的谦虚心态,工作中难免会遭到批评、指责,首先要检讨自己,再找出原因。

第七章　如何以专注打造职场前景

　　那些不和别人比较，专注于自己世界的人是幸福的。他们热爱学习，热爱自己的工作，热爱自己的生命。生命的本质在于生命的乐趣，这一乐趣是持久而宁静的，不是转瞬即逝的。因此这一乐趣必须来自心灵，而不是来自现实世界对于物质的拥有。与物质的满足相比，心灵的富足才是真正快乐的源泉。

专注能让你获得更多机会

小约翰·D.洛克菲勒曾经说过:"我只把机会留给那些做事全力以赴并能善始善终的人。"

有一个年轻人,从师三年学得一手修补器具的手艺,自此每天挑着担子走街串巷给他人修补器具,尽管很辛苦,但以此手艺养活全家还是绰绰有余。

有一天,手工匠照例挑着担子出门揽生意。当走上官道时,听到皇帝御车即将经过的消息,他急忙把担子放在路旁,忐忑不安地跪在地上。不一会儿,出巡队伍如期而至。令他意想不到的是,御车未再前行,而是停在他面前,吓得他磕头如捣蒜。

原来当队伍经过时,皇上不经意地看到手工匠身旁的担子,而恰巧皇冠因为颠簸而有些松了。于是便下令停车让手工匠给修理。手工匠接过皇冠,没用多久便修好了,皇上很是高兴,便赏赐他纹银十两。

手工匠别提多高兴了,心里琢磨:"我以后再也不走街串巷穷忙活了,我要专门跟在皇帝的车队后面,为皇上修皇冠。"想至此,他便挑起担子抄小路回家了。

在经过一片森林时,手工匠被一只猛虎拦住了。开始,他非常害怕,但待他仔细一瞧,发现这只猛虎并无恶意,老虎高举一只爪子,面露痛苦的表情。

手工匠大胆地走近一瞧,发现老虎的爪子上扎着一根竹刺。他哆哆嗦嗦地取出工具,将竹刺拔了出来。作为报酬,老虎特地捕了一只鹿送给他。手工匠得意非凡:"这只鹿至少可卖纹银二十两,给皇帝老儿修皇冠,需要跋山涉水。与其受风吹日晒,不如在这森林里专给老虎拔竹刺。"

于是,手工匠再也不走街串巷为人修补器具了,而是每天在森林深处,专等着为老虎拔竹刺。但很不幸,他不但没有遇到第二只需要拔刺的老虎,自己反倒成了老虎口里的美食。

手工匠犯了一个严重的错误,拿偶然的机会作为自己安身立命的基础,而不是踏踏实实地工作。机会并不是每天都有的,只有依靠专注于固定的工作目标,使自己在业务上有更多的经验、技能,对工作有更全面的了解。这样,老板才会给你提供更多的发展机会。

然而,现在职场中很多年轻人都在抱怨:"为什么不给我机会呢?他比我有什么高明之处,为什么他得到了提升而不是我?"类似的抱怨还有很多,仔细观察这些人在职场中的表现,他们工作总是三心二意,马马虎虎,有的人对工作中的基本流程都不清楚。对这样的人,谁敢把你提升到管理层?记住:蜜蜂从每朵花中吸取精华采集花蜜。同样地,每个职场中人也只能在每天的工作中学习有用的知识,培养个人的能力。因为只有有准备的人才能抓住机会,机会也只属于有能力把握它的人。

很显然,整天抱怨自己没有机会的正是那些游手好闲的人,而不是专注工作的人。机会的存在源于专注的工作,如果一个人全力以赴地对待工作,那么,在不知不觉间,机会就来到他的身边。

专注能带来正确的做事方法

有一个农夫一早起来,告诉妻子说要去耕田,当他走到田地里时,却发现耕耘机没有油了;原本打算立刻去加油,突然想到家里的三四只猪还没有喂,于是他转回家去;在经过仓库时,望见旁边的几个马铃薯,他想起马铃薯可能正在发芽,于是他又向马铃薯田走去;路途中经过木材堆时,他又记起家中需要一些柴火;正要去取柴的时候,看见一只生病的鸡躺在地上……

就这样,农夫来来回回地跑了好几趟,从早上一直到夕阳西下,油也没有加,猪也没有喂,田也没耕,最后什么事也没有做好,但农夫还感到很忙呢!

虽然这个故事有一些夸张,但是在现在职场中,有很多人跟故事中的农夫一样,常常很难把一件重要的事完成,这个致命伤就是没有正确的做事方法。

作为企业的一员,工作中会碰到很多问题,若没有正确的做事方法,只顾"头痛医头,脚痛医脚",是根本不可能专心致志地做好事情的。这样的人也必然没有职场竞争力,最终将会一事无成。因此,专注还须正确的做事方法。

在日常工作中,专注的表现就是能够集中注意力,努力清除外部、内部分散注意力的因素,把所有杂念清除掉,使脑中只留下最重要的一项工作,并积极投入到手头工作中去。

《世界主义者》杂志主编海伦·格利·布朗始终在她的办公桌上放着

一期《世界主义者》杂志。无论何时她被引入了歧途，干一些根本无助于本杂志成功的事情，只要看到那本杂志，就会使她回到工作上来。她说："除非你有一个当务之急的意识，否则，你越整天苦干，离你的目标就会越远。"

杰克·韦尔奇，20世纪最伟大的经理人。他的成功，是与他的坚持不懈分不开的——在通用电气公司（GE）脚踏实地地工作了27年，最终成为GE的CEO（首席执行官）。

对于这样一个日理万机的CEO，应该不会有什么爱好了吧？你若这样认为，你就错了，韦尔奇非常喜欢打高尔夫球。众所周知，这是项非常耗费时间的活动。但是，无论在什么样的工作岗位上，韦尔奇始终都能高效地完成工作，他的秘诀何在呢？

在工作中，无论事情是大还是小，韦尔奇总是专心致志地把它做好，丝毫不受内部和外部因素的干扰；而且，他有一套高效的做事方法。下面我们来看看韦尔奇高效的做事方法。

其一，学会怎样对上司说"不"。很显然，上司有权要求下属去做他告诉的事。如果要求太过分，或者根本不可能在要求的期限内完成工作，就要勇敢地说"不"，但并不是拒绝一项指令，而是减缓不合理的要求。否则，使上级误以为该项工作能准时完成。这样一来，将使你无法专心致志地工作。

其二，随时明确自己的目标。我们每个人本质上都倾向于喜爱已知的事物，特别是当它可接受时，而排拒未知。因此，为了避免受其困扰，必须随时明确自己的目标。如果一个人连自己的工作目标都无法明确，又怎能指望他能集中精力做好工作呢？

其三，排除别人的干扰。专注工作就是集中精力深入其中，但在实际工作中，可能10分钟就受到一次干扰，或者因为害怕可能受到干扰，而无心干任何一件事情。这样一来，根本没有办法专注任何工作。

其四，优化不合理的工作程序。在你手中，可能有许许多多工作等待处理。如果像前面的农夫一样，碰到什么工作就做什么工作，而没有优先顺序，恐怕一生也不会有什么突出的业绩。专注的员工总是优先处理最紧迫而且最重要的事情。

专注还须打破常规进行创新

狗家族出了一条很有志气、很有抱负的小狗，它向整个家族宣布要穿越大沙漠，所有的狗都跑来向它表示祝贺。在一片欢呼声中，这只小狗带足了食物、水等上路了。三天后，突然传来了小狗不幸牺牲的消息。

是什么原因使这只很有理想的小狗丢掉了性命呢？食物，还有很多；水壶里也有水。后来，经过解剖发现，小狗是被尿憋死的，因为狗一定要在树干或电线杆旁才撒尿，而大沙漠中根本没有树和电线杆，可怜的小狗一连憋了三天，最终被憋死了。

这个寓言故事告诉我们，小狗因循守旧，受习惯束缚，因此丢了狗命。守株待兔者更是被世世代代的人耻笑，他偶然捡到一只撞树桩而死的兔子，便一心一意地等候在树桩旁，准备再捡一只。

其实，在现实职场中，抱着老传统不放，缺少创新精神的人也不在少数。

两个欧洲鞋厂的销售代表到非洲去开拓市场。非洲天气炎热，所以居民向来都赤脚，第一个推销员看到此景大失所望，第二天便打道回府。而另一个推销员却惊喜万分："这么多人没鞋穿，一定大有市场！"于是，他通知总部立刻空运1000双皮鞋来，然后便想方设法引导非洲人穿皮鞋，购买皮鞋，结果他取得了杰出的成绩。

同样是面对赤着脚的非洲人，谁也不能说第一个推销员不专注工作（否则他就没必要去非洲了）。那么，对于两个同样专注工作的人，为什么会有如此大的差异呢？这就是创新与守旧的天壤之别。由此可知，若想打造锦绣的职场前程，专注的同时，还须打破常规进行创新。

由于整个市场是动态的，工作中所面临的问题也在变化之中，这就要求我们解决问题的角度有所突破，而人的思维习惯固守在传统的"桌面"上——受本行业的条条框框所束缚，被"看起来似乎理所当然的事"所迷惑，那么，工作的效率和进度必然受到影响，甚至会不战而败。相反，专注工作的同时敢于打破常规，敢于尝试用创新的智慧解决问题，必然能带来更大的成就。

纵观在职场中呼风唤雨的成功者，一般都不是因循守旧的人，而是有所创新的人。可以这样说，有些时候，因循守旧的人越专注，他离成功的彼岸就越远。

专注，能聚集个人的全部精力；创新，能找到解决问题的捷径。二者只有相辅相成，才能取得杰出的成绩。但请记住，创新不等于异想天开；创新要以一定的理论或现实作为前提，而异想天开则是一种主观上的凭空想象。没有创新精神的专注，只能因循守旧地在一条路上走到黑。

专注还须不断地充电

据统计，25周岁以下的从业人员，人均职业更新周期是16个月，这绝非危言耸听。美国职业专家指出，现在职业半衰期越来越短，所有高薪者若不学习,无须5年就会变成低薪。在风云变幻的职场,不断学习才能不被抛出轨道。不懈怠学习是在职场中奋斗成功者百战百胜的利器。

菲尔·强森,1944年去世之前,就任波音飞机公司的总裁,制造出"空中飞行堡垒"轰炸机,为盟国军队赢得第二次世界大战奠定了基础。如果你认为强森是哈佛或某世界知名大学的高才生,那么你错了,强森中学都未毕业。可是,他是如何在职场中获得杰出的成就的呢?

强森离开学校后,便被父亲叫到自家的洗衣店做工。但是,强森毫无工作兴趣,以致工作马马虎虎、三心二意,令他父亲在员工面前大丢脸面。

强森决定到一家机械厂上班。在上班之初,尽管他全心全意地工作,但业绩甚微,因为他的水平限制了他的发展。经过思考,强森修了工程学,研究引擎。经过一番学习后,他能装置机械。在参加工作45年中,强森总是在不停地学习,这使他一直充满竞争力。

不断学习、专注工作使强森从一名中学生成长为波音飞机公司的总裁。在职场竞争日益加剧的今天,如果你认为只要专注本职工作就可以妄自尊大,那么你离被淘汰出局只有一步之差。这样的情景,就好比让20世纪20年代的文秘到21世纪自动化办公室工作一样,或许他会集中全部精力准备做好工作,但由于知识的欠缺,他根本无法工作下去。

当前,知识折旧非常快,不通过学习、培训进行更新,职场适应性越来越差,而你的竞争力也会越来越弱,尽管你仍在专心致志地工作,恐怕老板也不能再留你,因为老板时刻把目光盯在那些能为公司提高竞争力、业绩的人身上。所以说,专注还须不断地充电。

既然如此,一个专注的员工应如何不断提高自己呢?

首先,从工作中学习。工作是职场中人的第一课堂,应从工作中吸取经验，探索智慧的启发以及有助于提升效率的资讯，避免滋生自满情绪，从而损及整个职业生涯。

其次，努力争取培训的机会。现代企业中，为了提高员工的专业技能，大多数企业都有员工培训计划，而且企业培训的内容与工作紧密相关。专业技能的增长是为了使你更专注地工作。所以，你要主动了解企业的培训计划，如培训时间、内容、人员等情况。

最后，接受再"教育"。为了自己的长远发展，选一些与工作密切相关的课程，还可以选修一些热门的科目或自己感兴趣的科目，这样可以增加自己的"分量"。

在未来的职场中，每个人的能力与知识水平都相差无几，那么一个人凭什么高人一筹呢？学习能力。一个具有专注精神的人，如果善于学习，他的职业前程将一片光明。

专注还须以专业制胜

据史书记载，楚霸王项羽年少时对任何事都用心不一，学书识字不久就松懈了，想学剑术，练剑时间不长就漫不经心了。其叔父项梁对此大为恼火，然而项羽却振振有词地说："学书识字，能认会写自己的名字就足够了；剑术学得再精，也不过是学了'一人敌'的本事，微不足道；要学就学'万人敌'的本领。"

项梁被项羽的"凌云壮志"打动了，于是便开始向他传授兵法。起初，项羽还挺专心，孰料时间一长，又故态复发，依然浅尝辄止。结果，项羽对很多事情都想学，却没有一样能够坚持到底。项羽之所以在楚汉战争中最终败北，其缺乏恒心，对任何事都浅尝辄止当属重要原因之一。

其实。对一个领域百分之一百地精通，要比对一百个领域各懂得百分之一强得多。芝加哥一位成功的制造商说："如果你能做出最好的图钉，那么，你的收入将会比制造劣质的蒸汽机更多。"

　　然而，目前职场中不专心工作、对工作一知半解的人并不在少数。一些房屋、建筑刚刚建成便出现质量问题，许多律师办起案件来捉襟见肘，医疗事故屡见报端……可以说，一个无法以专业制胜的人，无法把工作做好，更不会有业绩。

　　专注的员工在进入职场后，总是不懈怠、竭尽全力地把那一行钻研透以专业制胜，在工作方面成为行家里手。

　　然而，有些人进入职场后，不能专心钻研，总是这山望着那山高，在公司间跳来跳去，最后养成不安心工作的坏习惯；有些人则忙于玩乐或谈情说爱，只是把工作当作谋生手段，不能一心一意地钻研工作；如此一来，以致他们无半点优势。如果你苦熬几年，专注本职工作，累积了自己的专业实力，必然能在公司里出类拔萃，而且这种专业工作实力也为你专注工作扫除了障碍。因此，无论做何事，务必用心做好，以专业制胜，因为它决定了一个人日后事业上的成败。那么，怎样才能"尽快"在本领域中以专业制胜呢？

　　首先，选定你的工作领域。对于新入职场者来说，要根据自己的所学和兴趣选一个行业。

　　这是相当重要的一步。因为不感兴趣的事，谁也不会对它投入全部的精力。而对于老职员来说，最好不要轻易转行，尽量在工作中寻找乐趣否则会中断学习，无法以专业制胜。

　　其次，专心钻研。每一行都有苦乐，因此你应专心致志地把精力放在你的工作之上，广泛摄取这一行业中的各种知识。

专注还须认真规划职业生涯

从个人的角度而言，职业生涯规划是指个人根据对自身的主观因素和客观因素的分析，确立自己的职业生涯发展目标，选择实现这一目标的职业，以及制定相应的工作、培训和教育计划，并按照一定的时间安排，采取必要的行动实现职业生涯目标的过程。个人职业生涯规划一般包括自我剖析、目标设定，目标实现策略、反馈与修正四方面的内容。

个人职业生涯的规划是以专注打造职场前程的前提之一。第一，个人只有对自己有全面、深入、客观的分析和了解，才能选定一个自己感兴趣的职业。兴趣是动力的源泉，只有对某一职业有浓厚的兴趣，自己才可能心甘情愿地专注工作。对自我剖析不好，很可能会选择一个自己不感兴趣或兴趣不足的职业，这样就好似"牛不喝水强按头"，当然不利于充分发挥一个人的专注精神。

第二，就个人职业生涯规划来说，目标设定是必不可少的。设定一个较为明确的目标，也是工作者能专注工作必不可缺的。因为专注需要明确的工作目标，否则，今天干这个，明天干那个，绝不可能有突出的业绩。

第三，在规划职业生涯时，制定各种实现目标的策施，如参加公司培训和发展计划、参加业余时间的课程学习等，这些将为个人专注工作提供保障。

因此，无论是初入社会的学子，还是老员工，在现代组织中只能以专注制胜，而专注则源于对个人职业生涯的合理规划。

张骥1992年从清华大学毕业，他踏出校门便决心投身于IT行业，并将跨国公司的行政总裁或副主席定为自己的职业目标。从在联想的小有收获，到在IBM的无限风光，直到任美凯龙（Micro）中国区总经理，张骥始终坚持着自己当初的职业生涯规划，并脚踏实地、专心致志地经营着。

张骥之所以能成为一位杰出职业经理人，就在于他始终如一地专注自己的职业目标，而归根结底在于他合理地规划自己的职业生涯。当被问及他在职业规划上有何秘诀时，他在演讲中告诫新职员：

首先，志存高远。一个出类拔萃而又力所能及的长远目标，能提供个人职业发展的动力和方向，并避免过早产生满足感，失去继续进取的动力；

其次，以我为主。职业的成功与否最终决定于自己，把自己的职业当成一项事业来经营，只有这样，才能从根本上把握自己的命运；

最后，脚踏实地，以专业制胜。在每个工作阶段，必须明白自己真正需要的是什么，摒弃随波逐流的诱惑；在创建业绩的同时，切记要使自我能力不断渐长，你才能独辟蹊径。

让专注贯穿整个职业生涯

职业生涯是一个人从职业学习开始到职业劳动最后结束这一生的职业工作经历过程。人的一生主要是在职业生活中度过的，人的生命价值取决于职业生涯的成功与否。专注的员工在整个职业生涯中都全力以赴、积极主动地工作。否则，哪怕是在结束这一生的职业工作的最后时刻，有些微的松懈，也会对你一生产生影响。

有个老木匠，勤勤恳恳地工作了几十年之后，他准备退休回家享受儿天伦之乐。

在老板眼中，老木匠不但有着一手好活计，更难能可贵的是，老木匠从业几十年，无论是干学徒工还是当师傅，他总是全力以赴地工作，善始善终。这样的好工人，是十分难得的，所以老板便极力挽留。然而，老木匠去意已定，怎样劝说也不为所动。老板只得答应，但他希望老木匠临走之前再帮忙建一座房子。老木匠毫不犹豫地答应了。

土石木料备齐后，开始盖房。在盖房过程中，大家都看得出来，老木匠用料不再像往日那么严格了，做出的活计也不再追求精细、完美。很显然，老木匠的心已不在工作上了。

房子很快建好了，老板把钥匙交给了老木匠，说："你辛辛苦苦为我工作这么多年，我把这所房子作为礼物送给你。"

老木匠愣住了，懊悔和羞愧随即爬上脸庞。他这一生盖了许多好房子，最后却为自己建了这么一座粗制滥造的房子。

老木匠之所以"晚节不保"，就在于他没有把全力以赴、专注工作的职业精神贯穿到职业生涯的结束。

孟子云："虽有天下易生之物也，一日暴之，十日寒之，未有能生者也。"意思是说做事时而专心致志，时而懈怠不堪；没有专注精神，即使有成功的潜质，也不可能成功。在职场中这个道理同样适用。作为组织中的一员，一定要善始善终，即在整个职业生涯中，始终要集中精力、坚持不懈地工作。

专注对个人的职业精神和道德发展有很大的影响。如果一个人养成"三天打鱼，两天晒网"的习惯，他就不可能认真工作，而工作是一个人生命价值的重要体现。

一个不尊重自己的人，也就逐渐失去了自信。而一旦失去了自信和自尊，就再也不可能做好工作了。而低质量的工作会让人降低对自己的要求，让天赋和经验一点点消失，最后导致个人的整个系统瘫痪。所以，应以专注打造自己的整个职业生涯。

　　然而，在工作中，很多人都不能始终如一地专心做事，缺乏坚持下去的恒心，这种现象在一些跳槽者和退休者身上表现最明显。跳槽者找好了"下家"，便松懈下来，以致和老东家弄得很不愉快，使自己的声誉在业界受到影响。而退休者认为自己快要退休了，敷衍了事、过得去就行了，于是，出现很多"晚节不保"者。

　　所以，奉劝新老职员，无论从事什么工作，都要把"专注"作为自己整个职业生涯的座右铭。